WiSt-Taschenbücher
Wirtschaftswissenschaftliches Studium

Statistische Formeln, Tabellen und Statistik-Software

von

Professor Dr. Josef Bleymüller
Dr. Günther Gehlert

12., überarbeitete Auflage

Verlag Franz Vahlen München

VERLAG
VAHLEN
MÜNCHEN

www.vahlen.de

ISBN 978 3 8006 3850 5

Gesamtherstellung: Druckerei C. H. Beck (Adresse wie Verlag)
Gedruckt auf säurefreiem, alterungsbeständigem Papier
(hergestellt aus chlorfrei gebleichtem Zellstoff)

Vorwort zur ersten Auflage

Das vorliegende Taschenbuch stellt eine Ergänzung des im gleichen Verlag erschienenen Lehrbuches

„Statistik für Wirtschaftswissenschaftler“

dar.

Im **ersten Teil** sind die wichtigsten statistischen Formeln aus dem oben genannten Buch zusammengestellt.
Der **zweite Teil** enthält die für praktische Berechnungen benötigten **statistischen Tabellen,** und zwar in einem im Rahmen des wirtschaftswissenschaftlichen Studiums gemeinhin benötigten Umfang.
Ihrer Anlage nach dürften sich die Statistischen Formeln und Tabellen gut zur Verwendung in statistischen Prüfungen eignen und die Herausgabe gesonderter Klausurhilfsblätter weitgehend überflüssig machen.

Dank schulden die Verfasser Herrn Dipl.-Math. *Siegfried Bergs,* Herrn Dipl.-Kfm. *Alfons Naber* und Herrn Dipl.-Kfm. *Horst Schanzenbächer.* Besonders gedankt sei Herrn Dipl.-Kfm. *Andreas Lamers,* der insbesonders das Programmpaket zur Linearen Mehrfachregressionsanalyse entwickelt hat.
Für die Anfertigung der Druckvorlagen sind wir Frau *Klara Fegeler* dankbar.

Münster, im Juni 1979 *Josef Bleymüller* *Günther Gehlert*

Vorwort zur siebten Auflage

Im Teil **Statistische Formeln** wurden im Abschnitt 4 *Mittelwerte* Formeln für die Quartile und im Abschnitt 5 *Streuungsmaße* Formeln für die auf ihnen beruhenden Streuungsmaße aufgenommen.

Der Teil **Statistische Programme** mußte der schnellen Entwicklung der Statistik-Software wegen neu gestaltet werden: Die in der dritten Auflage im Jahre 1985 aufgenommenen, menügesteuerten und noch in BASICA geschriebenen *Statistischen Programmsysteme* MASSZAHL und LINREG konnten angesichts der heute in großer Anzahl angebotenen kommerziellen Statistik-Software-Pakete entfallen. – Außerdem war der Tatsache Rechnung zu tragen, daß auch auf dem Gebiet der Statistik-Software auf breiter Front der Übergang zu benutzerfreundlichen WINDOWS-Programmen zu beobachten ist; dementsprechend wurden die Programmbeschreibungen auf den neuesten Stand gebracht.

Münster, im Januar 1994 *Josef Bleymüller* *Günther Gehlert*

Vorwort zur zwölften Auflage

In der nunmehr erscheinenden zwölften Auflage wurde der Teil **Statistik-Software** auf den neuesten Stand gebracht.
Für die freundliche Unterstützung bei der Aktualisierung danke ich Frau *Gabriele Fechner,* SAS Institute GmbH, Herrn *Steffen Johne,* STATGRAPHICS – UMEX GmbH Software und Herrn *Bernd-Uwe Loll,* STATISTICA.

Münster, im Februar 2011 *Josef Bleymüller*

Inhaltsverzeichnis

Statistische Formeln

Statistische Tabellen

Inhaltsverzeichnis

Statistik-Software

Statistische Formeln

Statistische Formeln

1 Griechisches Alphabet

Name	Kleinbuchstabe	Großbuchstabe
Alpha	α	A
Beta	β	B
Gamma	γ	Γ
Delta	δ	Δ
Epsilon	ε	E
Zeta	ζ	Z
Eta	η	H
Theta	θ oder ϑ	Θ
Jota	ι	I
Kappa	κ	K
Lambda	λ	Λ
Mü	μ	M
Nü	ν	N
Xi	ξ	Ξ
Omikron	o	O
Pi	π	Π
Rho	ϱ	P
Sigma	σ	Σ
Tau	τ	T
Ypsilon	υ	Υ
Phi	ϕ oder φ	Φ
Chi	χ	X
Psi	ψ	Ψ
Omega	ω	Ω

2 Symbole

Allgemeine Symbole

2

Symbol	Bedeutung
$a = b$	a ist gleich b
$a < b$	a ist kleiner als b
$a \leq b$	a ist kleiner oder gleich b
$a > b$	a ist größer als b
$a \geq b$	a ist größer oder gleich b
$a \approx b$	a ist ungefähr gleich b
$\sum_{i=1}^{n} x_i$	$x_1 + x_2 + \ldots + x_n$
$\prod_{i=1}^{n} x_i$	$x_1 \cdot x_2 \cdot \ldots \cdot x_n$
$\frac{dy}{dx} = f'(x)$	1. Ableitung
$\frac{\partial y}{\partial x}$	1. partielle Ableitung
$\int$	Integral
$\|x\|$	Absolutbetrag von x
$\lim_{x \to a} f(x)$	Grenzwert von f(x)
$\mathbf{A}'$	Transponierte der Matrix **A**
$\mathrm{sgn}(x)$	Vorzeichen von x

Symbole der Mengenlehre

Symbole	Bedeutung
$\{a, b, c\}$	Menge, bestehend aus den Elementen a, b, und c
$x \in M$	x ist Element der Menge M
$x \notin M$	x ist nicht Element von M
$\{x \in M/x$ hat Eigenschaft $E\}$	Menge derjenigen Elemente von M, die die Eigenschaft E haben
$A \subset B$	A ist Teilmenge von M
$A \not\subset B$	A ist nicht Teilmenge von M
$\emptyset$	Leere Menge
$\mathfrak{P}(M)$	Potenzmenge von M, d. h. Menge aller Teilmengen von M
$A \cup B$	Vereinigungsmenge von A und B
$A \cap B$	Schnittmenge von A und B
$\overline{A}$	Komplement von A
$\mathbb{N}$	Menge der natürlichen Zahlen
$\mathbb{N}_0$	Menge der natürlichen Zahlen einschließlich 0
$\mathbb{Z}$	Menge der ganzen Zahlen
$\mathbb{Q}$	Menge der rationalen Zahlen
$\mathbb{R}$	Menge der reellen Zahlen
$\mathbb{R}^+$	Menge der nicht negativen reellen Zahlen
(a, b)	$\{x \in \mathbb{R}/a < x < b\}$
$[a, b]$	$\{x \in \mathbb{R}/a \leq x \leq b\}$
$(a, b]$	$\{x \in \mathbb{R}/a < x \leq b\}$
$[a, b)$	$\{x \in \mathbb{R}/a \leq x < b\}$
$\|M\|$	Anzahl der Elemente von M

2

Symbole der Aussagenlogik

Symbol	Bedeutung
A	A ist eine Aussage, die *wahr* (w) oder *falsch* (f) sein kann.
v(A)	v(A) wird als der Wahrheitswert der Aussage A bezeichnet; v(A) = 1 heißt, daß A *wahr* und v(A) = 0, daß A *falsch* ist.
$\neg A$	Die *Negation* $\neg A$ (bzw. $\overline{A}$) der Aussage A ist *wahr*, wenn A *falsch* ist, und *falsch*, wenn A *wahr* ist.
$A \wedge B$	Die *Konjunktion* $A \wedge B$ ist *wahr*, wenn beide Aussagen wahr sind, und *falsch*, wenn wenigstens eine der beiden Aussagen falsch ist.
$A \vee B$	Die *Disjunktion* $A \vee B$ ist *wahr*, wenn wenigstens eine der beiden Aussagen wahr ist, und *falsch*, wenn beide Aussagen falsch sind.
$A \Rightarrow B$	Die *Implikation* $A \Rightarrow B$ bedeutet: Wenn A wahr ist, dann ist auch B wahr. A wird als Voraussetzung (Prämisse), B als Folgerung *(Konklusion)* bezeichnet. $A \Rightarrow B$ ist *nur dann falsch*, wenn aus einer wahren Voraussetzung eine falsche Folgerung gezogen wird.
$A \Leftrightarrow B$	Die *Äquivalenz* $A \Leftrightarrow B$ bedeutet: Wenn A wahr ist, dann ist auch B wahr und umgekehrt. $A \Leftrightarrow B$ ist *nur dann falsch*, wenn eine der beiden Aussagen wahr und die andere falsch ist.
$\exists$	"Es gibt" (z. B.: $\exists x \in \mathbb{Q} : x^2 = 4$ heißt: Es gibt eine rationale Zahl x mit $x^2 = 4$).
$\forall$	"Für alle" (z. B.: $\forall x \in \mathbb{Q} : x^2 \geq 0$ heißt: Für alle rationalen Zahlen x gilt $x^2 \geq 0$).

Häufigkeiten

Kommt ein statistisches Merkmal in k verschiedenen
Merkmalsausprägungen $x_1, x_2, \ldots, x_k$
vor, für die bei insgesamt N Beobachtungen

absolute Häufigkeiten $h_1, h_2, \ldots, h_k$ mit $\sum_{i=1}^{k} h_i = N$

beobachtet werden, so ergeben sich daraus entsprechende

relative Häufigkeiten $f_1, f_2, \ldots, f_k$ mit $\sum_{i=1}^{k} f_i = 1$

und $f_i = \frac{h_i}{N}$ $(i = 1, \ldots, k)$.

Summenhäufigkeiten

Bei *ordinal- und metrischskalierten Merkmalen* ergeben sich durch Summierung über alle Merkmalsausprägungen x_j mit $x_j \leqslant x_i$

absolute Summenhäufigkeiten $H_i = \sum_{x_j \leq x_i} h_j$ $(i = 1, \ldots, k)$

und

relative Summenhäufigkeiten $F_i = \sum_{x_j \leq x_i} f_j$ $(i = 1, \ldots, k)$

$F_i = \frac{H_i}{N}$ $(i = 1, \ldots, k)$.

4 Mittelwerte

4

Arithmetisches Mittel μ

Bei N *Einzelwerten*

$$a_1, a_2, \ldots, a_N$$

ist das arithmetische Mittel definiert als

$$\mu = \frac{1}{N} \sum_{i=1}^{N} a_i \, .$$

Bei einer *Häufigkeitsverteilung* mit k verschiedenen Werten

$$x_1, x_2, \ldots, x_k$$

ergibt sich das (gewogene) arithmetische Mittel zu

$$\mu = \frac{1}{N} \sum_{i=1}^{k} x_i h_i \quad \text{bzw.} \quad \mu = \sum_{i=1}^{k} x_i f_i \, .$$

Bei einer *Häufigkeitsverteilung klassifizierter Daten* ergibt sich mit Hilfe der Klassenmitten

$$x'_1, x'_2, \ldots, x'_k$$

näherungsweise

$$\mu = \frac{1}{N} \sum_{i=1}^{k} x'_i h_i \quad \text{bzw.} \quad \mu = \sum_{i=1}^{k} x'_i f_i \, .$$

Für eine Grundgesamtheit, die aus k *Teilgesamtheiten* mit den Umfängen $N_1, N_2, \ldots, N_k$ und den arithmetischen Mitteln $\mu_1, \mu_2, \ldots, \mu_k$ besteht, ergibt sich das arithmetische Mittel zu

$$\mu = \sum_{i=1}^{k} \frac{N_i}{N} \mu_i \quad \text{mit} \quad N = \sum_{i=1}^{k} N_i \, .$$

4

Median Me und Quartile Q_1, Q_2 und Q_3

Zunächst werden die *Einzelwerte* $a_1, a_2, \ldots, a_N$ so umgeordnet, daß gilt

$$a_{[1]} \leq a_{[2]} \leq \ldots \leq a_{[N]} \; .$$

Dann ist bei ungeradem N

$$Me = a_{\left[\frac{N+1}{2}\right]}$$

und bei geradem N

$$Me = \frac{1}{2}\left(a_{\left[\frac{N}{2}\right]} + a_{\left[\frac{N}{2}+1\right]}\right).$$

Für großes N kann als Median der *größte* Merkmalswert $a_{[k]}$ verwendet werden, für den

$$F(a_{[k]}) \leq 0{,}5$$

gilt, wobei $F(a_{[k]})$ der Wert der Summenhäufigkeitsfunktion für $a_{[k]}$ ist. Analog ist das 1. Quartil Q_1 der größte Merkmalswert $a_{[j]}$, für den

$$F(a_{[j]}) \leq 0{,}25$$

und das 3. Quartil Q_3 der *größte* Merkmalswert $a_{[l]}$, für den

$$F(a_{[l]}) \leq 0{,}75$$

gilt.

Bei *klassifizierten Daten* ergibt sich der feinberechnete Median aus der Klassenuntergrenze x_i^u und der Klassenobergrenze x_i^o derjenigen Klasse i, in der die Summenhäufigkeitsfunktion den Wert 0,5 erreicht:

$$Me = x_i^u + \frac{0{,}5 - F(x_i^u)}{F(x_i^o) - F(x_i^u)}\,(x_i^o - x_i^u).$$

4

In analoger Weise ergeben sich die feinberechneten Quartile zu

$$Q_1 = x_k^u + \frac{0,25 - F(x_k^u)}{F(x_k^o) - F(x_k^u)} (x_k^o - x_k^u),$$

wobei k diejenige Klasse ist, in der die Summenhäufigkeitsfunktion den Wert 0,25 erreicht, und

$$Q_3 = x_l^u + \frac{0,75 - F(x_l^u)}{F(x_l^o) - F(x_l^u)} (x_l^o - x_l^u),$$

wobei l diejenige Klasse ist, in der die Summenhäufigkeitsfunktion den Wert 0,75 erreicht.

Q_2 entspricht dem Median Me.

Modus Mo

Der Modus Mo ist als die häufigste Merkmalsausprägung definiert. Bei klassifizierten Daten wird als Modus die Klassenmitte der Klasse mit der größten Säulenhöhe im Histogramm gewählt.

Geometrisches Mittel G

Bei *Einzelwerten* ist das geometrische Mittel definiert als

$$G = \sqrt[N]{a_1 \cdot a_2 \cdot \ldots \cdot a_N} \quad \text{bzw.} \quad \log G = \frac{1}{N} \sum_{i=1}^{N} \log a_i \, .$$

Für *Häufigkeitsverteilungen* ergibt sich

$$G = \sqrt[N]{x_1^{h_1} \cdot x_2^{h_2} \cdot \ldots \cdot x_k^{h_k}} \quad \text{bzw.}$$

$$\log G = \frac{1}{N} \sum_{i=1}^{k} h_i \log x_i = \sum_{i=1}^{k} f_i \log x_i \, .$$

In der folgenden Tabelle wird angegeben, bei welchen Skalenniveaus die Berechnung des entsprechenden Mittelwertes sinnvoll ist.

Mittelwerte	Skala			
	Nominal-skala	Ordinal-skala	Intervall-skala	Verhältnis-skala
Modus	×	×	×	×
Median und Quartile		×	×	×
Arithmetisches Mittel			×	×
Geometrisches Mittel				×

5 Streuungsmaße

Varianz σ^2 und Standardabweichung σ

Bei *Einzelwerten* ist die Varianz definiert als

$$\sigma^2 = \frac{1}{N}\sum_{i=1}^{N}(a_i - \mu)^2 = \frac{1}{N}\sum_{i=1}^{N} a_i^2 - \mu^2 .$$

Bei *Häufigkeitsverteilungen* erhält man die Varianz zu

$$\sigma^2 = \frac{1}{N}\sum_{i=1}^{k}(x_i - \mu)^2\, h_i = \frac{1}{N}\sum_{i=1}^{k} x_i^2 h_i - \mu^2$$

$$= \frac{1}{N}\sum_{i=1}^{k} x_i^2 h_i - \left(\frac{\sum_{i=1}^{k} x_i h_i}{N}\right)^2$$

bzw.

$$\sigma^2 = \sum_{i=1}^{k}(x_i - \mu)^2\, f_i = \sum_{i=1}^{k} x_i^2 f_i - \mu^2$$

$$= \sum_{i=1}^{k} x_i^2 f_i - \left(\sum_{i=1}^{k} x_i f_i\right)^2 .$$

Bei einer *Häufigkeitsverteilung klassifizierter Daten* ergibt sich die Varianz näherungsweise zu

$$\sigma^2 = \frac{1}{N}\sum_{i=1}^{k}(x_i' - \mu)^2\, h_i = \frac{1}{N}\sum_{i=1}^{k} x_i'^2 h_i - \mu^2$$

$$= \sum_{i=1}^{k}(x_i' - \mu)^2\, f_i = \sum_{i=1}^{k} x_i'^2 f_i - \mu^2 .$$

Bei einer *unimodalen (eingipfligen) Verteilung* und einer konstanten Klassenbreite Δx führt die Sheppard-Korrektur zum *besseren Nährungswert*

$$\sigma^2_{korr.} = \sigma^2 - \frac{(\Delta x)^2}{12} .$$

Für eine Grundgesamtheit, die aus k *Teilgesamtheiten* mit den Umfängen $N_1, N_2, \ldots, N_k$, den arithmetischen Mitteln $\mu_1, \mu_2, \ldots, \mu_k$ und den Varianzen $\sigma_1^2, \sigma_2^2, \ldots, \sigma_k^2$, besteht, ergibt sich die Varianz zu

$$\sigma^2 = \sum_{i=1}^{k} \frac{N_i}{N} \sigma_i^2 + \sum_{i=1}^{k} \frac{N_i}{N} (\mu_i - \mu)^2$$

mit

$$N = \sum_{i=1}^{k} N_i \quad \text{und} \quad \mu = \sum_{i=1}^{k} \frac{N_i}{N} \mu_i \,.$$

5

Die *Standardabweichung* σ ergibt sich jeweils als

$$\sigma = \sqrt{\sigma^2} \,.$$

Standardisierung

Aus den *Einzelwerten* $a_1, a_2, \ldots, a_N$ werden die *standardisierten Einzelwerte* z_i nach der Formel

$$z_i = \frac{a_i - \mu}{\sigma} \qquad (i = 1, \ldots, N)$$

berechnet, wobei

$$\mu = \frac{1}{N} \sum_{i=1}^{N} a_i \quad \text{und} \quad \sigma = \sqrt{\frac{1}{N} \sum_{i=1}^{N} (a_i - \mu)^2}$$

ist.

Die *standardisierten Einzelwerte* z_i $(i = 1, \ldots, N)$ besitzen das arithmetische Mittel 0 und die Varianz 1.

Variationskoeffizient VC

$$VC = \frac{\sigma}{\mu} \quad \text{bzw.} \quad VC = \frac{\sigma}{\mu}\, 100\%$$

5

Mittlere absolute Abweichung MAD bezogen auf μ

Bei *Einzelwerten* ergibt sich

$$MAD = \frac{1}{N} \sum_{i=1}^{N} |a_i - \mu|$$

und bei einer *Häufigkeitsverteilung*

$$MAD = \frac{1}{N} \sum_{i=1}^{k} |x_i - \mu| h_i$$

bzw.

$$MAD = \sum_{i=1}^{k} |x_i - \mu| f_i \ .$$

Spannweite R

Die *Einzelwerte* $a_1, a_2, \ldots, a_N$ werden der Größe nach angeordnet, so daß gilt:

$$a_{[1]} \leq a_{[2]} \leq \ldots \leq a_{[N]} \quad .$$

Dann ist

$$R = a_{[N]} - a_{[1]} \quad .$$

Quartilsabstand QA

$$QA = Q_3 - Q_1$$

Mittlerer Quartilsabstand MQA

$$MQA = \frac{Q_3 - Q_1}{2}$$

Quartilsdispersionskoeffizient

$$QDC = \frac{Q_3 - Q_1}{Q_3 + Q_1} 100\%$$

In der folgenden Tabelle wird angegeben, bei welchen Skalenniveaus eine Berechnung des entsprechenden Streuungsmaßes sinnvoll ist.

Streuungsmaße	Skala			
	Nominal-skala	Ordinal-skala	Intervall-skala	Verhältnis-skala
Spannweite		×	×	×
Quartilsabstand		×	×	×
Mittlerer Quartilsabstand		×	×	×
Mittlere absolute Abweichung			×	×
Varianz, Standardabweichung			×	×
Variationskoeffizient				×
Quartilsdispersionskoeffizient				×

6 Wahrscheinlichkeitsrechnung

A, B und E bezeichnen Ereignisse; S ist der Ereignisraum.

Klassische Wahrscheinlichkeitsdefinition

Sind alle Elementarereignisse gleichmöglich, so ist

$$W(A) = \frac{\text{Anzahl der für A günstigen Fälle}}{\text{Anzahl aller gleichmöglichen Fälle}} .$$

6

Statistische Wahrscheinlichkeitsdefinition

$$W(A) = \lim_{n\to\infty} f_n(A) = \lim_{n\to\infty} \frac{h_n(A)}{n}$$

Axiomatische Wahrscheinlichkeitsdefinition

Axiome von Kolmogorov:

(1) $0 \leq W(A) \leq 1 \quad \text{für} \quad A \subset S$
(2) $W(S) = 1$
(3) $W(A \cup B) = W(A) + W(B) \quad \text{für} \quad A \cap B = \emptyset$

Aus Axiom (3) ergibt sich die **Beziehung**

$$W(A_1 \cup A_2 \cup \ldots \cup A_n) = W(A_1) + W(A_2) + \ldots + W(A_n)$$

für

$$A_i \cap A_j = \emptyset \quad (i \neq j) .$$

Gegenwahrscheinlichkeit

Für $\overline{A}$, das Komplementärereignis von A, gilt

$$W(\overline{A}) = 1 - W(A) .$$

De Morgan Gesetze

Aus den mengentheoretischen Beziehungen

$$\overline{A \cup B} = \overline{A} \cap \overline{B} \quad \text{und} \quad \overline{A \cap B} = \overline{A} \cup \overline{B}$$

lassen sich folgende Regeln ableiten:

$$W(A \cup B) = 1 - W(\overline{A} \cap \overline{B}) \quad \text{und}$$

$$W(A \cap B) = 1 - W(\overline{A} \cup \overline{B}).$$

Additionssatz

$$W(A \cup B) = W(A) + W(B) - W(A \cap B)$$

Bedingte Wahrscheinlichkeit

Für $W(A) > 0$ ist die bedingte Wahrscheinlichkeit des Ereignisses B unter der Bedingung A definiert als

$$W(B/A) = \frac{W(A \cap B)}{W(A)}.$$

Stochastische Unabhängigkeit

Zwei Ereignisse A, B heißen stochastisch unabhängig genau dann, wenn

$$W(B/A) = W(B/\overline{A}) \vee W(A/B) = W(A/\overline{B}),$$

bzw. $W(A \cap B) = W(A) \cdot W(B)$ gilt.

Multiplikationssatz

Für *stochastisch unabhängige Ereignisse* A, B gilt

$$W(A \cap B) = W(A) \cdot W(B).$$

Für *stochastisch abhängige Ereignisse* A, B gilt

$$W(A \cap B) = W(A) \cdot W(B/A) = W(B) \cdot W(A/B).$$

Theorem von der totalen Wahrscheinlichkeit

Wenn $A_1 \cup A_2 \cup \ldots \cup A_n = S$ und $A_i \cap A_j = \emptyset$ für $i \neq j$ gilt, dann ist für $E \subset S$

6

$$W(E) = \sum_{i=1}^{n} W(A_i) \cdot W(E/A_i).$$

Theorem von Bayes

Unter den Voraussetzungen $A_1 \cup A_2 \cup \ldots \cup A_n = S$ und $A_i \cap A_j = \emptyset$ für $i \neq j$ und $E \subset S$ gilt

$$W(A_j/E) = \frac{W(A_j) \cdot W(E/A_j)}{\sum_{i=1}^{n} W(A_i) \cdot W(E/A_i)} \qquad (j = 1, \ldots, n).$$

Wahrscheinlichkeitsfunktion und Verteilungsfunktion diskreter Zufallsvariabler

Wahrscheinlichkeitsfunktion:

$$f(x_i) = W(X = x_i) \qquad (i = 1, 2, \ldots)$$

Jede Wahrscheinlichkeitsfunktion erfüllt die beiden Eigenschaften

$$f(x_i) \geq 0 \qquad (i = 1, 2, \ldots)$$

und

$$\sum_i f(x_i) = 1.$$

Verteilungsfunktion:

$$F(x) = W(X \leq x) = \sum_{x_i \leq x} f(x_i)$$

7

Wahrscheinlichkeitsdichte und Verteilungsfunktion stetiger Zufallsvariabler

Wahrscheinlichkeitsdichte:

$$W(a \leq X \leq b) = \int_a^b f(x)\,dx$$

Jede Wahrscheinlichkeitsdichte erfüllt die beiden Eigenschaften

$$f(x) \geq 0 \quad \text{und} \quad \int_{-\infty}^{+\infty} f(x)\,dx = 1.$$

Verteilungsfunktion:

$$F(x) = W(X \leq x) = \int_{-\infty}^{x} f(v)\,dv$$

d. h. $F'(x) = f(x)$

Die Verteilungsfunktion stetiger Zufallsvariabler hat folgende Eigenschaften:

(1) $0 \le F(x) \le 1$;

(2) $F(x)$ ist monoton wachsend, d. h. für $x_1 < x_2$ gilt $F(x_1) \le F(x_2)$;

(3) $\lim\limits_{x \to -\infty} F(x) = 0$;

(4) $\lim\limits_{x \to +\infty} F(x) = 1$;

(5) $F(x)$ ist überall stetig.

7

Es gilt weiterhin

$$W(a \le X \le b)$$
$$= W(a < X \le b) = W(a \le X < b) = W(a < X < b)$$
$$= F(b) - F(a)\ .$$

Erwartungswert und Varianz von Zufallsvariablen

Diskrete Zufallsvariable

$$E(X) = \sum_i x_i f(x_i)$$

$$\mathrm{Var}(X) = E\left[[X - E(X)]^2\right]$$
$$= \sum_i \left[x_i - E(X)\right]^2 f(x_i)$$
$$= \sum_i x_i^2 f(x_i) - [E(X)]^2$$

Stetige Zufallsvariable

$$E(X) = \int_{-\infty}^{+\infty} x f(x)\, dx$$

$$\begin{aligned}\mathrm{Var}(X) &= E\left[[X - E(X)]^2\right] \\ &= \int_{-\infty}^{+\infty} [x - E(X)]^2\, f(x)\, dx \\ &= \int_{-\infty}^{+\infty} x^2 f(x)\, dx - [E(X)]^2\end{aligned}$$

Rechnen mit Erwartungswerten und Varianzen

Für die Zufallsvariable $Y = g(X)$ ist

$$E(Y) = E[g(X)] = \sum_i g(x_i)\, f(x_i) \qquad \text{im diskreten Fall und}$$

$$E(Y) = E[g(X)] = \int_{-\infty}^{+\infty} g(x)\, f(x)\, dx \qquad \text{im stetigen Fall.}$$

7

Falls g eine *lineare Transformation* ist, ergeben sich Erwartungswert und Varianz von Y wie folgt:

Y	E(Y)	Var(Y)
a	a	0
bX	$bE(X)$	$b^2\,\mathrm{Var}(X)$
$a + X$	$a + E(X)$	$\mathrm{Var}(X)$
$a + bX$	$a + bE(X)$	$b^2\,\mathrm{Var}(X)$

Gemeinsame Wahrscheinlichkeitsfunktion und Verteilungsfunktion zweier diskreter Zufallsvariabler

Wahrscheinlichkeitsfunktion:

$$W(X = x_i \wedge Y = y_j) = f(x_i, y_j) \qquad (i, j = 1, 2, \ldots)$$

y / x	y_1	y_2	...	y_j	...	y_n
x_1	$f(x_1, y_1)$	$f(x_1, y_2)$	...	$f(x_1, y_j)$	...	$f(x_1, y_n)$
x_2	$f(x_2, y_1)$	$f(x_2, y_2)$	...	$f(x_2, y_j)$	...	$f(x_2, y_n)$
.	.	.	...	.	...	.
.	.	.	...	.	...	.
.	.	.	...	.	...	.
x_i	$f(x_i, y_1)$	$f(x_i, y_2)$	...	$f(x_i, y_j)$	...	$f(x_i, y_n)$
.	.	.	...	.	...	.
.	.	.	...	.	...	.
.	.	.	...	.	...	.
x_m	$f(x_m, y_1)$	$f(x_m, y_2)$	...	$f(x_m, y_j)$	...	$f(x_m, y_n)$

Jede Wahrscheinlichkeitsfunktion besitzt die beiden Eigenschaften

$$f(x_i, y_j) \geq 0 \qquad (i, j = 1, 2, \ldots)$$

und

$$\sum_i \sum_j f(x_i, y_j) = 1 .$$

Verteilungsfunktion:

$$F(x, y) = W(X \leq x, Y \leq y) = \sum_{x_i \leq x} \sum_{y_j \leq y} f(x_i, y_j)$$

Randverteilungen

$$f_X(x_i) = W(X = x_i) = \sum_j f(x_i, y_j) \qquad (i = 1, 2, \ldots)$$

$$f_Y(y_j) = W(Y = y_j) = \sum_i f(x_i, y_j) \qquad (j = 1, 2, \ldots)$$

Zwei Zufallsvariable X, Y sind genau dann *stochastisch unabhängig*, wenn

$$f(x_i, y_j) = f_X(x_i) \cdot f_Y(y_j) \qquad (i, j = 1, 2, \ldots) \text{ gilt.}$$

Bedingte Verteilungen

$$f(x_i / y_j) = \frac{f(x_i, y_j)}{f_Y(y_j)} \qquad (i, j = 1, 2, \ldots)$$

$$f(y_j / x_i) = \frac{f(x_i, y_j)}{f_X(x_i)} \qquad (i, j = 1, 2, \ldots)$$

Erwartungswerte, Varianzen, Kovarianz und Korrelationskoeffizient

Erwartungswerte

$$E(X) = \sum_i \sum_j x_i \, f(x_i, y_j) = \sum_i x_i \, f_X(x_i)$$

$$E(Y) = \sum_i \sum_j y_j \, f(x_i, y_j) = \sum_j y_j \, f_Y(y_j)$$

Varianzen

$$Var(X) = \sum_i x_i^2 \, f_X(x_i) - [E(X)]^2$$

$$Var(Y) = \sum_j y_j^2 \, f_Y(y_j) - [E(Y)]^2$$

Bedingte Erwartungswerte

$$E(X/y_j) = \sum_i x_i f(x_i / y_j) \qquad (j = 1, 2, \ldots)$$

$$E(Y/x_i) = \sum_j y_j f(y_j / x_i) \qquad (i = 1, 2, \ldots)$$

Bedingte Varianzen

$$Var(X/y_j) = \sum_i x_i^2 f(x_i / y_j) - \left[E(X/y_j)\right]^2 \qquad (j = 1, 2, \ldots)$$

$$Var(Y/x_i) = \sum_i y_j^2 \, f(y_j / x_i) - \left[E(Y/x_i)\right]^2 \qquad (i = 1, 2, \ldots)$$

Kovarianz

$$\operatorname{Cov}(X, Y) = E[[X - E(X)] \cdot [Y - E(Y)]]$$
$$= E(XY) - E(X) \cdot E(Y)$$

mit

$$E(XY) = \sum_i \sum_j x_i y_j f(x_i, y_j)$$

Korrelationskoeffizient

$$\varrho(X, Y) = \frac{E[[X - E(X)] \cdot [Y - E(Y)]]}{\sigma_X \cdot \sigma_Y} = \frac{\operatorname{Cov}(X, Y)}{\sigma_X \cdot \sigma_Y}$$

mit $\sigma_X = \sqrt{\operatorname{Var}(X)}$ und $\sigma_Y = \sqrt{\operatorname{Var}(Y)}$

$-1 \leq \varrho(X,Y) \leq +1$.

Bei stochastisch unabhängigen Zufallsvariablen X, Y ist $\operatorname{Cov}(X, Y) = 0$ und daher $\varrho(X, Y) = 0$.

Erwartungswert einer Funktion zweier Zufallsvariablen

$$E[g(X, Y)] = \sum_i \sum_j g(x_i, y_j) f(x_i, y_j)$$

Linearkombinationen von Zufallsvariablen

Erwartungswert und *Varianz* einer Linearkombination

$$Z = aX + bY$$

ergeben sich als

$$E(Z) = aE(X) + bE(Y) \quad \text{und}$$
$$\operatorname{Var}(Z) = a^2 \operatorname{Var}(X) + b^2 \operatorname{Var}(Y) + 2ab \operatorname{Cov}(X, Y) .$$

Bei *stochastisch unabhängigen* Zufallsvariablen X, Y gilt

$$\operatorname{Var}(Z) = a^2 \operatorname{Var}(X) + b^2 \operatorname{Var}(Y) .$$

Z	E(Z)	Var(Z)
$aX + bY$	$aE(X) + bE(Y)$	$a^2 Var(X) + b^2 Var(Y) + 2ab\, Cov(X, Y)$
$X + Y$ $(a = 1, b = 1)$	$E(X) + E(Y)$	$Var(X) + Var(Y) + 2Cov(X, Y)$
$X - Y$ $(a = 1, b = -1)$	$E(X) - E(Y)$	$Var(X) + Var(Y) - 2Cov(X, Y)$
$\frac{1}{2}(X + Y)$ $(a = \frac{1}{2}, b = \frac{1}{2})$	$\frac{1}{2}[E(X) + E(Y)]$	$\frac{1}{4} Var(X) + \frac{1}{4} Var(Y) + \frac{1}{2} Cov(X, Y)$

Erwartungswerte und Varianzen einiger Linearkombinationen von X und Y

8 Theoretische Verteilungen

Kombinatorische Grundformeln

Wiederholung \ Anordnung	Mit Berücksichtigung der Anordnung	Ohne Berücksichtigung der Anordnung
Ohne Wiederholung	$\frac{N!}{(N-n)!}$	$\binom{N}{n}$
Mit Wiederholung	N^n	$\binom{N+n-1}{n}$

Anzahl der Kombinationen n*-ter Ordnung aus* N *Elementen*

8

Binomialverteilung

Wahrscheinlichkeitsfunktion

$$f_B(x/n;\theta) = \begin{cases} \binom{n}{x}\theta^x(1-\theta)^{n-x} & \text{für } x = 0, 1, \ldots, n \\ 0 & \text{sonst} \end{cases}$$

Verteilungsfunktion

$$F_B(x/n;\theta) = \sum_{v=0}^{x} \binom{n}{v}\theta^v(1-\theta)^{n-v}$$

Erwartungswert

$$E(X) = n \cdot \theta$$

Varianz

$$Var(X) = n \cdot \theta(1-\theta)$$

Rekursionsformel

$$f_B(x+1/n;\theta) = f_B(x/n;\theta)\cdot\frac{n-x}{x+1}\cdot\frac{\theta}{1-\theta}$$

Hypergeometrische Verteilung

Wahrscheinlichkeitsfunktion

$$f_H(x/N;n;M) = \begin{cases} \dfrac{\binom{M}{x}\binom{N-M}{n-x}}{\binom{N}{n}} & \text{für } x = 0, 1, \ldots, n \\ 0 & \text{sonst} \end{cases}$$

8

Verteilungsfunktion

$$F_H(x/N;n;M) = \sum_{v=0}^{x}\frac{\binom{M}{v}\binom{N-M}{n-v}}{\binom{N}{n}}$$

Erwartungswert

$$E(X) = n\cdot\frac{M}{N}$$

Varianz

$$Var(X) = n\cdot\frac{M}{N}\cdot\frac{N-M}{N}\cdot\frac{N-n}{N-1}$$

Rekursionsformel

$$f_H(x+1/N;n;M) = f_H(x/N;n;M)\cdot\frac{(M-x)(n-x)}{(x+1)(N-M-n+x+1)}$$

8 Theoretische Verteilungen

Poissonverteilung

Wahrscheinlichkeitsfunktion

$$f_P(x/\mu) = \begin{cases} \dfrac{\mu^x e^{-\mu}}{x!} & \text{für} \quad x = 0, 1, \ldots \\ 0 & \text{sonst} \end{cases}$$

$(e = 2{,}71828\ldots)$

Verteilungsfunktion

$$F_P(x/\mu) = \sum_{v=0}^{x} \frac{\mu^v e^{-\mu}}{v!}$$

8

Erwartungswert und Varianz

$$E(X) = Var(X) = \mu$$

Rekursionsformel

$$f_P(x+1/\mu) = f_P(x/\mu)\,\frac{\mu}{x+1}$$

Multinomialverteilung

Wahrscheinlichkeitsfunktion

$$f_M(x_1, x_2, \ldots, x_k/n; \theta_1; \theta_2; \ldots; \theta_k) = \frac{n!}{x_1!\,x_2!\ldots x_k!}\,\theta_1^{x_1}\,\theta_2^{x_2}\ldots\theta_k^{x_k}$$

$$\text{mit} \quad \sum_{i=1}^{k} x_i = n \quad \text{und} \quad \sum_{i=1}^{k} \theta_i = 1 \qquad (k = 2, 3, \ldots)$$

Erwartungswerte

$$E(X_i) = n \cdot \theta_i \qquad (i = 1, \ldots, k)$$

Varianzen

$$\text{Var}(X_i) = n\theta_i(1-\theta_i) \qquad (i = 1, \ldots, k)$$

Gleichverteilung (Rechteckverteilung)

Wahrscheinlichkeitsdichte

$$f_G(x / a; b) = \begin{cases} \dfrac{1}{b-a} & \text{für} \quad a \leq x \leq b \\ 0 & \text{sonst} \end{cases}$$

Verteilungsfunktion

$$F_G(x / a; b) = \begin{cases} 0 & \text{für} \quad x < a \\ \dfrac{x-a}{b-a} & \text{für} \quad a \leq x \leq b \\ 1 & \text{für} \quad x > b \end{cases}$$

Erwartungswert

$$E(X) = \frac{a+b}{2}$$

Varianz

$$\text{Var}(X) = \frac{(b-a)^2}{12}$$

Exponentialverteilung

Wahrscheinlichkeitsdichte

$$f_E(x / \lambda) = \begin{cases} \lambda e^{-\lambda x} & \text{für } x \geq 0 \text{ mit } \lambda > 0 \\ 0 & \text{sonst} \end{cases}$$

Verteilungsfunktion

$$F_E(x / \lambda) = \begin{cases} 0 & \text{für } x < 0 \\ 1 - e^{-\lambda x} & \text{für } x \geq 0 \end{cases}$$

Erwartungswert

$$E(X) = \frac{1}{\lambda}$$

Varianz

8

$$Var(X) = \frac{1}{\lambda^2}$$

Normalverteilung

Wahrscheinlichkeitsdichte

$$f_n(x / \mu; \sigma^2) = \frac{1}{\sigma\sqrt{2\pi}} e^{-\frac{1}{2}\left(\frac{x-\mu}{\sigma}\right)^2}$$

Verteilungsfunktion

$$F_n(x / \mu; \sigma^2) = \int_{-\infty}^{x} \frac{1}{\sigma\sqrt{2\pi}} e^{-\frac{1}{2}\left(\frac{v-\mu}{\sigma}\right)^2} dv$$

Erwartungswert

$$E(X) = \mu$$

Varianz

$$Var(X) = \sigma^2$$

Ist X normalverteilt mit μ und σ^2, dann ist die Zufallsvariable

$$Z = \frac{X - \mu}{\sigma}$$

standardnormalverteilt mit dem Erwartungswert E(Z) = 0 und der Varianz Var (Z) = 1.

Wahrscheinlichkeitsdichte

$$f_N(z) = \frac{1}{\sqrt{2\pi}} e^{-\frac{1}{2}z^2}$$

Verteilungsfunktion

$$F_N(z) = \int_{-\infty}^{z} \frac{1}{\sqrt{2\pi}} e^{-\frac{1}{2}v^2} dv$$

Erwartungswert

$$E(Z) = 0$$

Varianz

$$\mathrm{Var}(Z) = 1$$

Chi-Quadrat-Verteilung

Wahrscheinlichkeitsdichte

$$f_{Ch}(\chi^2 / \nu) = \begin{cases} \frac{1}{2^{\nu/2}\, \Gamma\left(\frac{\nu}{2}\right)} e^{-\frac{\chi^2}{2}} (\chi^2)^{\left(\frac{\nu}{2}-1\right)} & \text{für } \chi^2 \geq 0 \\ 0 & \text{sonst} \end{cases}$$

Verteilungsfunktion

$$F_{Ch}(\chi^2/\nu) = \frac{1}{2^{\nu/2}\,\Gamma\left(\frac{\nu}{2}\right)} \int_0^{\chi^2} e^{-\frac{v}{2}}\, v^{\left(\frac{\nu}{2}-1\right)}\, dv$$

Erwartungswert

$$E(X^2) = \nu$$

Varianz

$$\mathrm{Var}\,(X^2) = 2\nu$$

8

Studentverteilung

Wahrscheinlichkeitsdichte

$$f_S(t/\nu) = \frac{\Gamma\left(\frac{\nu+1}{2}\right)}{\sqrt{\nu\pi}\,\Gamma\left(\frac{\nu}{2}\right)} \cdot \frac{1}{\left(1+\frac{t^2}{\nu}\right)^{(\nu+1)/2}} \qquad -\infty < t < +\infty$$

Verteilungsfunktion

$$F_S(t/\nu) = \frac{\Gamma\left(\frac{\nu+1}{2}\right)}{\sqrt{\nu\pi}\,\Gamma\left(\frac{\nu}{2}\right)} \int_{-\infty}^{t} \frac{dv}{\left(1+\frac{v^2}{\nu}\right)^{(\nu+1)/2}}$$

Erwartungswert

$$E(T) = 0 \qquad \text{für } \nu > 1$$

Varianz

$$\mathrm{Var}(T) = \frac{\nu}{\nu-2} \qquad \text{für } \nu > 2$$

F-Verteilung

Wahrscheinlichkeitsdichte

$$f_F(f / \nu_1;\nu_2) = \begin{cases} \dfrac{\Gamma\left(\dfrac{\nu_1+\nu_2}{2}\right)}{\Gamma\left(\dfrac{\nu_1}{2}\right)\Gamma\left(\dfrac{\nu_2}{2}\right)} \dfrac{\left(\dfrac{\nu_1}{\nu_2}\right)^{\frac{\nu_1}{2}} f^{\frac{\nu_1}{2}-1}}{\left(1+\dfrac{\nu_1}{\nu_2} f\right)^{\frac{\nu_1+\nu_2}{2}}} & \text{für} \quad f > 0 \\ 0 & \text{für} \quad f \le 0 \end{cases}$$

Verteilungsfunktion

$$F_F(f/\nu_1;\, \nu_2) =$$

$$\begin{cases} \dfrac{\Gamma\left(\dfrac{\nu_1+\nu_2}{2}\right)}{\Gamma\left(\dfrac{\nu_1}{2}\right)\Gamma\left(\dfrac{\nu_2}{2}\right)} \left(\dfrac{\nu_1}{\nu_2}\right)^{\frac{\nu_1}{2}} \displaystyle\int_0^f \dfrac{v^{\frac{\nu_1}{2}-1}}{\left(1+\dfrac{\nu_1}{\nu_2} v\right)^{\frac{\nu_1+\nu_2}{2}}} \, dv & \text{für} \quad f > 0 \\ 0 & \text{für} \quad f \le 0 \end{cases}$$

Erwartungswert

$$E(F) = \frac{\nu_2}{\nu_2 - 2} \qquad \text{für} \quad \nu_2 > 2$$

Varianz

$$\mathrm{Var}(F) = \frac{2\nu_2^2\,(\nu_1 + \nu_2 - 2)}{\nu_1\,(\nu_2 - 2)^2\,(\nu_2 - 4)} \qquad \text{für} \quad \nu_2 > 4$$

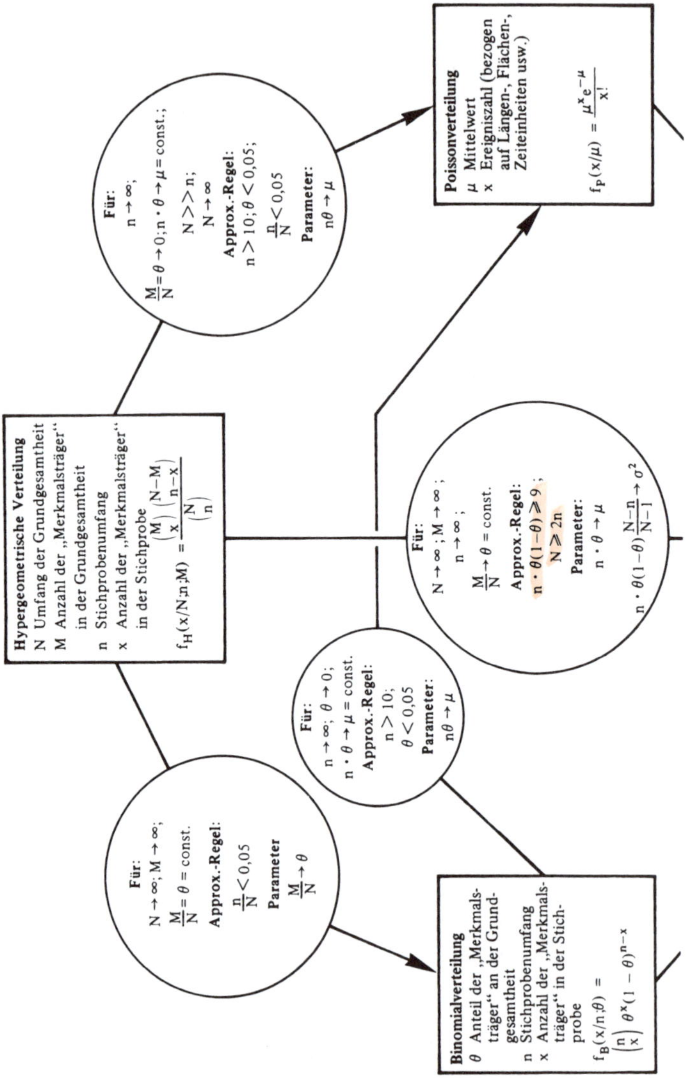
Hypergeometrische Verteilung
N Umfang der Grundgesamtheit
M Anzahl der „Merkmalsträger“ in der Grundgesamtheit
n Stichprobenumfang
x Anzahl der „Merkmalsträger“ in der Stichprobe
fH(x/N;n;M) = (M über x)(N−M über n−x) / (N über n)
Für:
N → ∞; M → ∞;
M/N = θ = const.
Approx.-Regel:
n/N < 0,05
Parameter
M/N → θ
Für:
n → ∞;
M/N = θ → 0; n · θ → μ = const.;
N >> n;
N → ∞
Approx.-Regel:
n > 10; θ < 0,05;
n/N < 0,05
Parameter:
nθ → μ
Für:
n → ∞; θ → 0;
n · θ → μ = const.
Approx.-Regel:
n > 10;
θ < 0,05
Parameter:
nθ → μ
Für:
N → ∞ ; M → ∞ ;
n → ∞ ;
M/N → θ = const.
Approx.-Regel:
n · θ(1−θ) ≥ 9 ;
N ≥ 2n
Parameter:
n · θ → μ
n · θ(1−θ) (N−n)/(N−1) → σ²
Binomialverteilung
θ Anteil der „Merkmalsträger“ an der Grundgesamtheit
n Stichprobenumfang
x Anzahl der „Merkmalsträger“ in der Stichprobe
fB(x/n;θ) = (n über x) θ^x(1 − θ)^(n−x)
Poissonverteilung
μ Mittelwert
x Ereigniszahl (bezogen auf Längen-, Flächen-, Zeiteinheiten usw.)
fP(x/μ) = μ^x e^(−μ) / x!

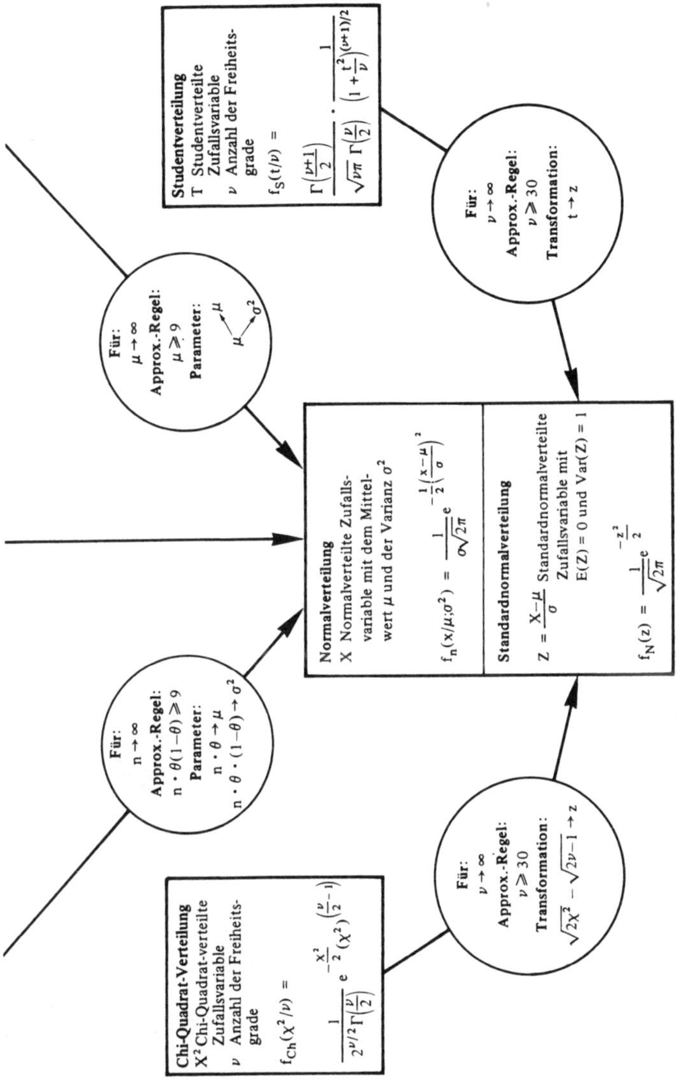
Studentverteilung
T Studentverteilte Zufallsvariable
ν Anzahl der Freiheitsgrade
$f_S(t/\nu) = \frac{\Gamma\left(\frac{\nu+1}{2}\right)}{\sqrt{\nu\pi}\,\Gamma\left(\frac{\nu}{2}\right)} \cdot \frac{1}{\left(1+\frac{t^2}{\nu}\right)^{(\nu+1)/2}}$
Für:
$\nu \to \infty$
Approx.-Regel:
$\nu \geq 30$
Transformation:
$t \to z$
Für:
$\mu \to \infty$
Approx.-Regel:
$\mu \geq 9$
Parameter:
$\mu \to \mu$, $\mu \to \sigma^2$
Normalverteilung
X Normalverteilte Zufallsvariable mit dem Mittelwert μ und der Varianz σ^2
$f_n(x/\mu;\sigma^2) = \frac{1}{\sigma\sqrt{2\pi}} e^{-\frac{1}{2}\left(\frac{x-\mu}{\sigma}\right)^2}$
Standardnormalverteilung
$Z = \frac{X-\mu}{\sigma}$ Standardnormalverteilte Zufallsvariable mit $E(Z) = 0$ und $Var(Z) = 1$
$f_N(z) = \frac{1}{\sqrt{2\pi}} e^{-\frac{z^2}{2}}$
Für:
$n \to \infty$
Approx.-Regel:
$n \cdot \theta(1-\theta) \geq 9$
Parameter:
$n \cdot \theta \to \mu$
$n \cdot \theta \cdot (1-\theta) \to \sigma^2$
Für:
$\nu \to \infty$
Approx.-Regel:
$\nu \geq 30$
Transformation:
$\sqrt{2\chi^2} - \sqrt{2\nu-1} \to z$
Chi-Quadrat-Verteilung
X^2 Chi-Quadrat-verteilte Zufallsvariable
ν Anzahl der Freiheitsgrade
$f_{Ch}(\chi^2/\nu) = \frac{1}{2^{\nu/2}\Gamma\left(\frac{\nu}{2}\right)} e^{-\frac{\chi^2}{2}} (\chi^2)^{\left(\frac{\nu}{2}-1\right)}$

10 Stichprobenverteilungen

Stichprobenkennzahlen

Eine Stichprobe vom Umfang n mit den Werten $x_1, x_2, \ldots, x_n$ liefert das *arithmetische Mittel* der Stichprobe

$$\bar{x} = \frac{1}{n} \sum_{i=1}^{n} x_i$$

und die *Stichprobenvarianz*

$$s^2 = \frac{1}{n-1} \sum_{i=1}^{n} (x_i - \bar{x})^2$$

$$= \frac{n}{n-1} \left[\frac{1}{n} \sum_{i=1}^{n} x_i^2 - \bar{x}^2 \right]$$

$$= \frac{n}{n-1} \left[\frac{1}{n} \sum_{I=1}^{n} x_i^2 - \left(\frac{1}{n} \sum_{i=1}^{n} x_i \right)^2 \right]$$

Einige wichtige Stichprobenverteilungen

Zufalls-variable	Stichprobenverteilung	Parameter
	(1) Ziehen ohne Zurücklegen (2) Ziehen mit Zurücklegen	
P	(1) $f(p) = f_H(np/N; n; M)$ (Hypergeometrische Verteilung)	$E(P) = \theta$ (1) $Var(P) = \sigma_P^2 = \frac{\theta(1-\theta)}{n} \frac{N-n}{N-1} *$
	(2) $f(p) = f_B(np/n; \theta)$ (Binomialverteilung)	(2) $Var(P) = \sigma_P^2 = \frac{\theta(1-\theta)}{n}$
	Normalverteilung *Bedingung:* $n\theta(1-\theta) \geq 9$	
$\bar{X}$	Normalverteilung *Bedingung:* Grundgesamtheit normalverteilt oder $n > 30$	$E(\bar{X}) = \mu$ (1) $Var(\bar{X}) = \sigma_{\bar{X}}^2 = \frac{\sigma^2}{n} \frac{N-n}{N-1} *$ (2) $Var(\bar{X}) = \sigma_{\bar{X}}^2 = \frac{\sigma^2}{n}$

Zufallsvariable	Stichprobenverteilung	Parameter (1) Ziehen ohne Zurücklegen (2) Ziehen mit Zurücklegen
$T = \frac{\overline{X} - \mu}{\frac{S}{\sqrt{n}}}$	Studentverteilung *Bedingung:* Grundgesamtheit normalverteilt	$\nu = n - 1$
	Standardnormalverteilung *Bedingung:* $n > 30$	•
$U^* = \frac{(n-1)S^2}{\sigma^2}$	Chi-Quadrat-Verteilung *Bedingung:* Grundgesamtheit normalverteilt	$\nu = n - 1$
$D = \overline{X}_1 - \overline{X}_2$	Normalverteilung *Bedingung:* Grundgesamtheiten normalverteilt oder $n_1 > 30$ und $n_2 > 30$	$E(D) = \mu_1 - \mu_2$ $Var(D) = \sigma_D^2 = \frac{\sigma_1^2}{n_1} + \frac{\sigma_2^2}{n_2}$ Für: (2) und (1) mit $n_1/N_1 < 0{,}05$ und $n_2/N_2 < 0{,}05$
$D = P_1 - P_2$	Normalverteilung *Bedingung:* $n_1\theta_1(1-\theta_1) \geq 9$ und $n_2\theta_2(1-\theta_2) \geq 9$	$E(D) = \theta_1 - \theta_2$ $Var(D) = \sigma_D^2$ $= \frac{\theta_1(1-\theta_1)}{n_1} + \frac{\theta_2(1-\theta_2)}{n_2}$ Für: (2) und (1) mit $n_1/N_1 < 0{,}05$ und $n_2/N_2 < 0{,}05$
$F = \frac{S_1^2/\sigma_1^2}{S_2^2/\sigma_2^2}$	F-Verteilung *Bedingung:* Grundgesamtheit normalverteilt	$\nu_1 = n_1 - 1;\ \nu_2 = n_2 - 1$

* Bei einem Auswahlsatz von $n/N < 0{,}05$ kann der Korrekturfaktor für endliche Gesamtheiten $\sqrt{\frac{N-n}{N-1}}$ vernachlässigt werden.

Einige wichtige Konfidenzintervalle

Parameter	Konfidenzintervall	Standardfehler (1) Ziehen ohne Zurücklegen (2) Ziehen mit Zurücklegen	Anzuwendende Verteilung: "kleine" Stichproben	Anzuwendende Verteilung: "große" Stichproben
μ (σ bekannt)	$\bar{x} - z\sigma_{\bar{x}} \leq \mu \leq \bar{x} + z\sigma_{\bar{x}}$	(1) $\sigma_{\bar{x}} = \frac{\sigma}{\sqrt{n}} \sqrt{\frac{N-n}{N-1}}$ * (2) $\sigma_{\bar{x}} = \frac{\sigma}{\sqrt{n}}$	Normalverteilung *Bedingung:* Grundgesamtheit normalverteilt	Normalverteilung *Faustregel:* $n > 30$
μ (σ unbekannt)	$\bar{x} - t\hat{\sigma}_{\bar{x}} \leq \mu \leq \bar{x} + t\hat{\sigma}_{\bar{x}}$	(1) $\hat{\sigma}_{\bar{x}} = \frac{s}{\sqrt{n}} \sqrt{\frac{N-n}{N}}$ * (2) $\hat{\sigma}_{\bar{x}} = \frac{s}{\sqrt{n}}$	Studentverteilung mit $\nu = n-1$ *Bedingung:* Grundgesamtheit normalverteilt	Normalverteilung *Faustregel:* $n > 30$ $t \to z$
θ	$p - z\hat{\sigma}_P \leq \theta \leq p + z\hat{\sigma}_P$	(1) $\hat{\sigma}_P = \sqrt{\frac{p(1-p)}{n-1}} \sqrt{\frac{N-n}{N}}$ * (2) $\hat{\sigma}_P = \sqrt{\frac{p(1-p)}{n-1}}$	•	Normalverteilung *Faustregel:* $np(1-p) \geq 9$
σ^2	$\frac{(n-1)s^2}{\chi^2_{1-\frac{\alpha}{2};n-1}} \leq \sigma^2 \leq \frac{(n-1)s^2}{\chi^2_{\frac{\alpha}{2};n-1}}$	•	Chi-Quadrat-Verteilung mit $\nu = n-1$ *Bedingung:* Grundgesamtheit normalverteilt	Normalverteilung $\chi^2_{1-\frac{\alpha}{2};n-1} = \frac{1}{2}\left(z_{1-\frac{\alpha}{2}} + \sqrt{2n-3}\right)^2$ $\chi^2_{\frac{\alpha}{2};n-1} = \frac{1}{2}\left(-z_{1-\frac{\alpha}{2}} + \sqrt{2n-3}\right)^2$ *Faustregel:* $n > 30$

Parameter	Konfidenzintervall	Standardfehler (1) Ziehen ohne Zurücklegen (2) Ziehen mit Zurücklegen	Anzuwendende Verteilung	
			"kleine" Stichproben	"große" Stichproben
$\mu_1 - \mu_2$	$(\bar{x}_1 - \bar{x}_2) - t\hat{\sigma}_D \le \mu_1 - \mu_2 \le (\bar{x}_1 - \bar{x}_2) + t\hat{\sigma}_D$	$\hat{\sigma}_D = \sqrt{\frac{s_1^2}{n_1} + \frac{s_2^2}{n_2}}$ Für: (2) und (1) mit $n_1/N_1 < 0{,}05$ und $n_2/N_2 < 0{,}05$	Studentverteilung mit $\nu = \frac{\left[\frac{s_1^2}{n_1} + \frac{s_2^2}{n_2}\right]^2}{\frac{\left[\frac{s_1^2}{n_1}\right]^2}{n_1 - 1} + \frac{\left[\frac{s_2^2}{n_2}\right]^2}{n_2 - 1}}$ *Bedingung:* Grundgesamtheiten normalverteilt	Normalverteilung *Faustregel:* $n_1 > 30$, $n_2 > 30$ $t \to z$
$\theta_1 - \theta_2$	$(p_1 - p_2) - z\hat{\sigma}_D \le \theta_1 - \theta_2 \le (p_1 - p_2) + z\hat{\sigma}_D$	$\hat{\sigma}_D = \sqrt{\frac{p_1(1-p_1)}{n_1} + \frac{p_2(1-p_2)}{n_2}}$ Für: (2) und (1) mit $n_1/N_1 < 0{,}05$ und $n_2/N_2 < 0{,}05$	•	Normalverteilung *Faustregel:* $n_1 p_1(1 - p_1) \ge 9$ $n_2 p_2(1 - p_2) \ge 9$

* Bei einem Auswahlsatz von $n/N < 0{,}05$ kann der Korrekturfaktor für endliche Gesamtheiten $\sqrt{\frac{N-n}{N-1}}$ $\left(\text{bzw. } \sqrt{\frac{N-n}{N}}\right)$ vernachlässigt werden.

Bestimmung des notwendigen Stichprobenumfangs

Bei Schätzung des *arithmetischen Mittels* μ gilt:

$$n = \frac{z^2 \cdot \sigma^2}{(\Delta\mu)^2}$$ (Ziehen mit Zurücklegen oder $\frac{n}{N} < 0{,}05$)

$$n = \frac{z^2 \cdot N \cdot \sigma^2}{(\Delta\mu)^2 (N-1) + z^2 \cdot \sigma^2}$$ (Ziehen ohne Zurücklegen)

($\Delta\mu$ bezeichnet den absoluten Fehler des arithmetischen Mittels);

bei Schätzung des *Anteilswertes* θ gilt:

$$n = \frac{z^2 \cdot \theta(1-\theta)}{(\Delta\theta)^2}$$ (Ziehen mit Zurücklegen oder $\frac{n}{N} < 0{,}05$)

$$n = \frac{z^2 \cdot N \cdot \theta(1-\theta)}{(\Delta\theta)^2 (N-1) + z^2 \cdot \theta(1-\theta)}$$ (Ziehen ohne Zurücklegen)

($\Delta\theta$ bezeichnet den absoluten Fehler des Anteilswertes).

Für σ^2 und θ können geeignete *Schätzwerte* eingesetzt werden wie z. B. $\hat{\sigma}^2 = s^2$ und $\hat{\theta} = p$ aus Vorstichproben kleineren Umfangs. Ein *konservativer Schätzwert* für θ ist $\hat{\theta} = 0{,}5$.

12 Parametertests

Standardschema eines statistischen Tests

1. Aufstellung von Nullhypothese und Alternativhypothese sowie Festlegung des Signifikanzniveaus;
2. Festlegung einer geeigneten Prüfgröße und Bestimmung der Testverteilung bei Gültigkeit der Nullhypothese;
3. Bestimmung des kritischen Bereichs;
4. Berechnung des Wertes der Prüfgröße und
5. Entscheidung und Interpretation.

12 Parametertests

Nullhypothese	Wert der Prüfgröße	Anzuwendende Verteilung
$\mu = \mu_0$ (σ bekannt)	$z = \dfrac{\bar{x} - \mu_0}{\dfrac{\sigma}{\sqrt{n}}}$	Standardnormalverteilung *Bedingung:* Grundgesamtheit normalverteilt oder $n > 30$
$\mu = \mu_0$ (σ unbekannt)	$t = \dfrac{\bar{x} - \mu_0}{\dfrac{s}{\sqrt{n}}}$	Studentverteilung mit $\nu = n - 1$ *Bedingung:* Grundgesamtheit normalverteilt
$\theta = \theta_0$	$z = \dfrac{p - \theta_0}{\sqrt{\dfrac{\theta_0(1-\theta_0)}{n}}}$	Standardnormalverteilung *Bedingung:* $n\theta_0(1-\theta_0) \geq 9$
$\sigma^2 = \sigma_0^2$	$\chi^2 = \dfrac{(n-1)s^2}{\sigma_0^2}$	Chi-Quadrat-Verteilung mit $\nu = n - 1$ *Bedingung:* Grundgesamtheit normalverteilt
$\mu_1 = \mu_2$ (σ_1, σ_2 bekannt)	$z = \dfrac{\bar{x}_1 - \bar{x}_2}{\sqrt{\dfrac{\sigma_1^2}{n_1} + \dfrac{\sigma_2^2}{n_2}}}$	Standardnormalverteilung *Bedingung:* Grundgesamtheiten normalverteilt oder $n_1 > 30$ und $n_2 > 30$
$\mu_1 = \mu_2$ (σ_1, σ_2 unbekannt und $\sigma_1 \neq \sigma_2$)	$z = \dfrac{\bar{x}_1 - \bar{x}_2}{\sqrt{\dfrac{s_1^2}{n_1} + \dfrac{s_2^2}{n_2}}}$	Standardnormalverteilung *Bedingung:* $n_1 > 30$ und $n_2 > 30$
$\mu_1 = \mu_2$ (σ_1, σ_2 unbekannt und $\sigma_1 = \sigma_2$)	$t = \dfrac{\bar{x}_1 - \bar{x}_2}{s \cdot \sqrt{\dfrac{n_1 + n_2}{n_1 n_2}}}$ mit $s = \sqrt{\dfrac{(n_1 - 1)s_1^2 + (n_2 - 1)s_2^2}{n_1 + n_2 - 2}}$	Studentverteilung mit $\nu = n_1 + n_2 - 2$ *Bedingung:* Grundgesamtheiten normalverteilt
$\theta_1 = \theta_2$	$z = \dfrac{p_1 - p_2}{\sqrt{p(1-p)}\sqrt{\dfrac{n_1 + n_2}{n_1 n_2}}}$ mit $p = \dfrac{n_1 p_1 + n_2 p_2}{n_1 + n_2}$	Standardnormalverteilung *Bedingung:* $n_1 p_1 (1 - p_1) \geq 9$ und $n_2 p_2 (1 - p_2) \geq 9$
$\sigma_1^2 = \sigma_2^2$	$\tilde{f} = \dfrac{s_1^2}{s_2^2}$	F-Verteilung mit $\nu_1 = n_1 - 1$ und $\nu_2 = n_2 - 1$ *Bedingung:* Grundgesamtheiten normalverteilt

12

Ergebnismatrix bei Einfachklassifikation

(r Ebenen mit je n Versuchen)

Faktor A	Versuch (Stichproben-element Nr.)					Stich-proben-summe	Stich-proben-mittel
	1	…	k	…	n	$x_{i.}$	$\bar{x}_{i.}$
1	x_{11}	…	x_{1k}	…	x_{1n}	$x_{1.}$	$\bar{x}_{1.}$
.	.		.		.	.	.
.	.		.		.	.	.
.	.		.		.	.	.
Ebene i (Stichprobe Nr.)	x_{i1}	…	x_{ik}	…	x_{in}	$x_{i.}$	$\bar{x}_{i.}$
.	.		.		.	.	.
.	.		.		.	.	.
.	.		.		.	.	.
r	x_{r1}	…	x_{rk}	…	x_{rn}	$x_{r.}$	$\bar{x}_{r.}$
Stichproben-gesamtsumme			•			$x_{..}$	•
Stichproben-gesamtmittel			•			•	$\bar{x}_{..}$

x_{ik}: k-ter Meßwert der i-ten Stichprobe (i = 1, . . ., r; k = 1, . . ., n)

13

$$x_{i.} = \sum_{k=1}^{n} x_{ik}$$

$$\bar{x}_{i.} = \frac{x_{i.}}{n} = \frac{1}{n} \sum_{k=1}^{n} x_{ik}$$

$$x_{..} = \sum_{i=1}^{r} \sum_{k=1}^{n} x_{ik}$$

$$\bar{x}_{..} = \frac{x_{..}}{nr} = \frac{1}{nr} \sum_{i=1}^{r} \sum_{k=1}^{n} x_{ik}$$

Zerlegung der Abstandsquadratsumme

$$SQT = \sum_{i=1}^{r} \sum_{k=1}^{n} (x_{ik} - \bar{x}_{..})^2 = \sum_{i=1}^{r} \sum_{k=1}^{n} x_{ik}^2 - nr\bar{x}_{..}^2$$

$$SQA = n \sum_{i=1}^{r} (\bar{x}_{i.} - \bar{x}_{..})^2 = n \sum_{i=1}^{r} \bar{x}_{i.}^2 - nr\bar{x}_{..}^2$$

$$SQR = \sum_{i=1}^{r} \sum_{k=1}^{n} (x_{ik} - \bar{x}_{i.})^2$$

13

$$SQT = SQR + SQA$$

Prüfgröße und Testverteilung

$$MQA = \frac{SQA}{r - 1}$$

$$MQR = \frac{SQR}{nr - r}$$

$$\tilde{f} = \frac{MQA}{MQR}$$

Die Prüfgröße $\tilde{f}$ gehorcht einer F-*Verteilung* mit $\nu_A = r - 1$ und $\nu_R = n \cdot r - r$ *Freiheitsgraden*, wenn die Grundgesamtheiten normalverteilt sind und Homoskedastizität vorliegt ($\sigma_1 = \sigma_2 = \ldots = \sigma_r$).

13 Varianzanalyse (Einfachklassifikation)

Varianztabelle bei Einfachklassifikation

Streuungsursache	Summe der Abweichungsquadrate	Anzahl der Freiheitsgrade	Mittlere Quadratsumme	Wert der Prüfgröße
Faktor A	$SQA = \frac{1}{n} \sum_{i=1}^{r} x_{i.}^2 - \frac{x_{..}^2}{nr}$	$\nu_A = r - 1$	$MQA = \frac{SQA}{r-1}$	$\tilde{f} = \frac{MQA}{MQR}$
Rest	$SQR = SQT - SQA$	$\nu_R = nr - r$	$MQR = \frac{SQR}{nr-r}$	
Total	$SQT = \sum_{i=1}^{r} \sum_{k=1}^{n} x_{ik}^2 - \frac{x_{..}^2}{nr}$	$\nu_T = nr - 1$	•	•

14 Ausgewählte Tests, insbes. Verteilungstests

Nullhypothese	Wert der Prüfgröße	Anzuwendende Verteilung
$\mu_{2i} = \mu_{1i} + \delta$ $(i = 1, \ldots, n)$ und $\delta = 0$	$t = \dfrac{\bar{d}}{\dfrac{s}{\sqrt{n}}}$	Studentverteilung mit $\nu = n - 1$ *Bedingung:* Grundgesamtheiten normalverteilt
$\mu_1 = \mu_2 = \ldots = \mu_r$	$\tilde{f} = \dfrac{MQA}{MQR} = \dfrac{\dfrac{SQA}{r-1}}{\dfrac{SQR}{nr-r}}$	F-Verteilung mit $\nu_A = r - 1$ und $\nu_R = nr - r$ *Bedingung:* Grundgesamtheiten normalverteilt und $\sigma_1 = \sigma_2 = \ldots = \sigma_r$
Stichprobe stammt aus einer Grundgesamtheit mit bestimmter Verteilung *Chi-Quadrat-Anpassungstest*	$\chi^2 = \sum_{i=1}^{k} \dfrac{(h_i^o - h_i^e)^2}{h_i^e}$	Chi-Quadrat-Verteilung mit $\nu = k - m - 1$ k: Zahl der Klassen m: Zahl der geschätzten Parameter *Bedingung:* $h_i^e \geq 5 \quad (i = 1, \ldots, k)$
Zwei Merkmale A und B sind unabhänig voneinander *Chi-Quadrat-Unabhängigkeitstest*	$\chi^2 = \sum_{i=1}^{r}\sum_{j=1}^{s} \dfrac{(h_{ij}^o - h_{ij}^e)^2}{h_{ij}^e}$	Chi-Quadrat-Verteilung mit $\nu = (r - 1)(s - 1)$ *Bedingung:* $h_{ij}^e \geq 5 \quad (i = 1, \ldots, r;\ j = 1, \ldots, s)$
Die Stichproben stammen aus der gleichen Grundgesamtheit *Chi-Quadrat-Homogenitätstest*	$= \sum_{i=1}^{r}\sum_{j=1}^{s} \dfrac{\left(h_{ij}^o - \dfrac{h_{i.}^o h_{.j}^o}{n}\right)^2}{\dfrac{h_{i.}^o h_{.j}^o}{n}}$	
Stichprobe stammt aus einer Grundgesamtheit mit bestimmter Verteilung *Kolmogorov-Smirnov-Anpassungstest*	$d = \max_x \lvert F^e(x) - F^o(x) \rvert$	Verteilung der Kolmogorov-Smirnov-Prüfgröße

Es bedeuten:

h_i^o beobachtete absolute Häufigkeit der i-ten Merkmalsausprägung (i = 1, . . ., k)

h_i^e erwartete absolute Häufigkeit der i-ten Merkmalsausprägung (i = 1, . . ., k)

h_{ij}^o beobachtete absolute Häufigkeit der Kombination von i-ter Ausprägung des ersten und j-ter Ausprägung des zweiten Merkmals (i = 1, . . ., r; j = 1, . . ., s)

h_{ij}^e entsprechende erwartete absolute Häufigkeit

$$h_{i.}^o = \sum_{j=1}^{s} h_{ij}^o \qquad (i = 1, \ldots, r)$$

$$h_{.j}^o = \sum_{i=1}^{r} h_{ij}^o \qquad (j = 1, \ldots, s)$$

$$h^o = \sum_{i=1}^{r} h_{i.}^o = \sum_{j=1}^{s} h_{.j}^o = n$$

$$h_{ij}^e = \frac{h_{i.}^o \cdot h_{.j}^o}{n} \qquad (i = 1, \ldots, r;\ j = 1, \ldots, s)$$

$F^o(x)$ *beobachteter* Wert der Verteilungsfunktion an der Stelle x

$F^e(x)$ *erwarteter* Wert der Verteilungsfunktion an der Stelle x

Bei $\nu = 1$ Freiheitsgrad wird eine Stetigkeitskorrektur (Yates-Korrektur) durchgeführt:

$$\chi^2_{korr} = \sum_{i=1}^{k} \frac{\left(\left|h_i^o - h_i^e\right| - 0{,}5\right)^2}{h_i^e}$$

bzw.

$$\chi^2_{korr} = \sum_{i=1}^{r} \sum_{j=1}^{s} \frac{\left(\left|h_{ij}^o - h_{ij}^e\right| - 0{,}5\right)^2}{h_{ij}^e}$$

15 Regressionsanalyse (Lineare Einfachregression)

Es bedeuten im folgenden:

x_i	i-ter beobachteter Wert der unabhängigen Variablen	$(i = 1, \ldots, n)$
y_i	i-ter beobachteter Wert der abhängigen Variablen	$(i = 1, \ldots, n)$
$\hat{y}_i$	i-ter geschätzter Wert der abhängigen Variablen	$(i = 1, \ldots, n)$
$e_i =$	$y_i - \hat{y}_i$ Abweichung des geschätzten vom beobachteten Wert der abhängigen Variablen (Residuum)	$(i = 1, \ldots, n)$

Bestimmung der linearen Einfachregressionsfunktion nach der Methode der kleinsten Quadrate

Stichprobenregressionskoeffizienten

$$b_1 = \frac{\sum_{i=1}^{n} x_i^2 \sum_{i=1}^{n} y_i - \sum_{i=1}^{n} x_i \sum_{i=1}^{n} x_i y_i}{n\sum_{i=1}^{n} x_i^2 - \left(\sum_{i=1}^{n} x_i\right)^2}$$

$$b_2 = \frac{n\sum_{i=1}^{n} x_i y_i - \sum_{i=1}^{n} x_i \sum_{i=1}^{n} y_i}{n\sum_{i=1}^{n} x_i^2 - \left(\sum_{i=1}^{n} x_i\right)^2}$$

Stichprobenregressionsfunktion

$\hat{y}_i = b_1 + b_2 x_i$ $(i = 1, \ldots, n)$ bzw.

$\hat{y} = b_1 + b_2 x$

Eigenschaften der Regressionsfunktion

(1) $\sum_{i=1}^{n} e_i = 0$

(2) $\sum_{i=1}^{n} x_i e_i = 0$

(3) $\frac{1}{n} \sum_{i=1}^{n} y_i = \frac{1}{n} \sum_{i=1}^{n} \hat{y}_i$

(4) Die Regressionsgerade verläuft durch den Schwerpunkt $\overline{P}(\bar{x}, \bar{y})$ der Punktwolke $\left(\bar{x} = \frac{1}{n} \Sigma x_i ; \bar{y} = \frac{1}{n} \Sigma y_i\right)$.

Zerlegung der Abweichungsquadratsumme und lineares einfaches Bestimmtheitsmaß

Zerlegung der Abweichungsquadratsumme

$$SQT = \sum_{i=1}^{n} (y_i - \bar{y})^2 = \sum_{i=1}^{n} y_i^2 - \frac{1}{n}\left(\sum_{i=1}^{n} y_i\right)^2$$

$$SQR = \sum_{i=1}^{n} (y_i - \hat{y}_i)^2 = \sum_{i=1}^{n} e_i^2$$

$$= \sum_{i=1}^{n} y_i^2 - b_1 \sum_{i=1}^{n} y_i - b_2 \sum_{i=1}^{n} x_i y_i$$

$$SQE = \sum_{i=1}^{n} (\hat{y}_i - \bar{y})^2$$

$$SQT = SQR + SQE$$

15

Lineares einfaches Bestimmtheitsmaß

$$r^2 = \frac{SQE}{SQT} = \frac{\sum_{i=1}^{n}(\hat{y}_i - \bar{y})^2}{\sum_{i=1}^{n}(y_i - \bar{y})^2} = 1 - \frac{\sum_{i=1}^{n} e_i^2}{\sum_{i=1}^{n}(y_i - \bar{y})^2} = 1 - \frac{SQR}{SQT}$$

$$0 \leq r^2 \leq 1$$

Linearer Einfachkorrelationskoeffizient

$$r = \operatorname{sgn}(b_2)\sqrt{r^2} \qquad -1 \leq r \leq 1$$

Linearer Einfachkorrelationskoeffizient, direkte Berechnung aus den Werten x_i und y_i

$$r = \frac{\sum_{i=1}^{n}(x_i - \bar{x})(y_i - \bar{y})}{\sqrt{\sum_{i=1}^{n}(x_i - \bar{x})^2}\sqrt{\sum_{i=1}^{n}(y_i - \bar{y})^2}}$$

$$= \frac{\sum_{i=1}^{n} x_i y_i - \left(\sum_{i=1}^{n} x_i\right)\left(\sum_{i=1}^{n} y_i\right)\Big/ n}{\sqrt{\sum_{i=1}^{n} x_i^2 - \left(\sum_{i=1}^{n} x_i\right)^2\Big/ n}\sqrt{\sum_{i=1}^{n} y_i^2 - \left(\sum_{i=1}^{n} y_i\right)^2\Big/ n}}$$

15

Verteilungen der Stichprobenregressionskoeffizienten

Voraussetzungen:

In der Grundgesamtheit gilt die folgende Beziehung:

$$Y_i = \beta_1 + \beta_2 x_i + U_i \qquad (i = 1, \ldots, n);$$

für die Störvariablen U_i gilt dabei

$$E(U_i) = 0 \qquad (i = 1, \ldots, n)$$
$$Var(U_i) = \sigma_U^2 \qquad (i = 1, \ldots, n)$$
$$Cov(U_i, U_j) = 0 \qquad (i = 1, \ldots, n; j = 1, \ldots, n; i \neq j).$$

Die Störvariablen U_i $(i = 1, \ldots, n)$ sind normalverteilt mit den oben angegebenen Parametern.

Für die Varianzen der Zufallsvariablen B_1, B_2 (mit den Realisationen b_1, b_2) können folgende (unverzerrte) Schätzwerte angegeben werden:

$$\hat{\sigma}_{B_1}^2 = s_{B_1}^2 = \frac{\sum_{i=1}^{n} x_i^2}{n \sum_{i=1}^{n} (x_i - \bar{x})^2} s_E^2$$

und

$$\hat{\sigma}_{B_2}^2 = s_{B_2}^2 = \frac{s_E^2}{\sum_{i=1}^{n} (x_i - \bar{x})^2}$$

mit

$$s_E^2 = \frac{1}{n-2} \sum_{i=1}^{n} e_i^2 = \frac{1}{n-2} \sum_{i=1}^{n} (y_i - \hat{y}_i)^2$$

$$= \frac{1}{n-2} \left[\sum_{i=1}^{n} y_i^2 - b_1 \sum_{i=1}^{n} y_i - b_2 \sum_{i=1}^{n} x_i y_i \right].$$

Die Zufallsvariablen

$$T = \frac{B_1 - \beta_1}{S_{B_1}} \quad \text{und} \quad T = \frac{B_2 - \beta_2}{S_{B_2}}$$

genügen einer *Studentverteilung* mit $\nu = n - 2$ *Freiheitsgraden*.

15

15 Regressionsanalyse (Lineare Einfachregression)

Konfidenzintervalle für die Regressionskoeffizienten

Parameter	Konfidenzintervall	Standardfehler	Anzuwendende Verteilung
β_1	$b_1 - ts_{B_1} \le \beta_1 \le b_1 + ts_{B_1}$	$s_{B_1} = s_E \sqrt{\dfrac{\sum_{i=1}^{n} x_i^2}{n \sum_{i=1}^{n} (x_i - \bar{x})^2}}$	Studentverteilung mit $\nu = n - 2$ *Bedingung:* Gültigkeit der Modellannahmen
β_2	$b_2 - ts_{B_2} \le \beta_2 \le b_2 + ts_{B_2}$	$s_{B_2} = \dfrac{s_E}{\sqrt{\sum_{i=1}^{n} (x_i - \bar{x})^2}}$	

Tests für die Regressionskoeffizienten

Nullhypothese	Wert der Prüfgröße	Anzuwendende Verteilung
$\beta_1 = 0$	$t = \dfrac{b_1}{s_{B_1}}$ mit $s_{B_1} = s_E \sqrt{\dfrac{\sum_{i=1}^{n} x_i^2}{n \sum_{i=1}^{n} (x_i - \bar{x})^2}}$	Studentverteilung mit $\nu = n - 2$ *Bedingung:* Gültigkeit der Modellannahmen
$\beta_2 = 0$	$t = \dfrac{b_2}{s_{B_2}}$ mit $s_{B_2} = \dfrac{s_E}{\sqrt{\sum_{i=1}^{n} (x_i - \bar{x})^2}}$	

Test des linearen Zusammenhangs

Die Hypothese

$H_0 : \beta_2 = 0$ (kein linearer Zusammenhang) kann gegen
$H_A : \beta_2 \neq 0$ nach folgender *Varianztabelle* überprüft werden:

Streuungsursache	Summe der Abweichungsquadrate	Anzahl der Freiheitsgrade	Mittlere Abweichungsquadratsumme	Wert der Prüfgröße
Erklärende Variable X	SQE $= \sum_{i=1}^{n} (\hat{y}_i - \bar{y})^2$	1	$MQE = \frac{SQE}{1}$	$\tilde{f} = \frac{MQE}{MQR}$
Rest	$SQR = \sum_{i=1}^{n} e_i^2$	n – 2	$MQR = \frac{SQR}{n-2}$	
Total	SQT $= \sum_{i=1}^{n} (y_i - \bar{y})^2$	n – 1	•	•

Unter Verwendung des Bestimmtheitsmaßes r^2 ergibt sich folgende inhaltlich gleichwertige *Varianztabelle*:

Streuungsursache	Summe der Abweichungsquadrate	Anzahl der Freiheitsgrade	Mittlere Abweichungsquadratsumme	Wert der Prüfgröße
Erklärende Variable X	SQE $= r^2 \sum_{i=1}^{n} (y_i - \bar{y})^2$	1	$MQE = \frac{SQE}{1}$	$\tilde{f} = \frac{r^2 (n-2)}{1-r^2}$
Rest	$SQR = (1 - r^2) \cdot \sum_{i=1}^{n} (y_i - \bar{y})^2$	n – 2	$MQR = \frac{SQR}{n-2}$	
Total	SQT $= \sum_{i=1}^{n} (y_i - \bar{y})^2$	n – 1	•	•

(Anzuwenden ist die F-*Verteilung* mit $\nu_E = 1$ und $\nu_R = n - 2$ *Freiheitsgraden*.)

Prognose mit Hilfe der linearen Einfachregression

Konfidenzintervall für den *durchschnittlichen Prognosewert* $E(Y_0)$:

Parameter	Konfidenzintervall	Standardfehler	Anzuwendende Verteilung
$E(Y_0)$	$\hat{y}_0 - ts_{\hat{Y}_0} \leq E(Y_0) \leq$ $\leq \hat{y}_0 + ts_{\hat{Y}_0}$ mit: $\hat{y}_0 = b_1 + b_2 x_0$	$s_{\hat{Y}_0} = s_E \sqrt{\frac{1}{n} + \frac{(x_0 - \bar{x})^2}{\sum_{i=1}^{n}(x_i - \bar{x})^2}}$	Studentverteilung mit $\nu = n - 2$ *Bedingung:* Gültigkeit der Modellannahmen

Prognoseintervall für den *individuellen Wert (Einzelwert)* y_0:

Einzelwert	Prognoseintervall	Standardfehler	Anzuwendende Verteilung
y_0	$\hat{y}_0 - ts_F \leq y_0 \leq \hat{y}_0 + ts_F$ mit: $\hat{y}_0 = b_1 + b_2 x_0$	$s_F = s_E \sqrt{1 + \frac{1}{n} + \frac{(x_0 - \bar{x})^2}{\sum_{i=1}^{n}(x_i - \bar{x})^2}}$	Studentverteilung mit $\nu = n - 2$ *Bedingung:* Gültigkeit der Modellannahmen

Es bedeuten:

x_{ji} i-ter beobachteter Wert der unabhängigen Variablen X_j $(i = 1, \ldots, j = 2, \ldots, k)$

y_i i-ter beobachteter Wert der abhängigen Variablen $(i = 1, \ldots, n)$

$\hat{y}_i$ i-ter geschätzter Wert der abhängigen Variablen $(i = 1, \ldots, n)$

$e_i = y_i - \hat{y}_i$
Abweichung des geschätzten vom beobachteten Wert der unabhängigen Variablen (Residuum) $(i = 1, \ldots, n)$

$$\mathbf{y} = \begin{bmatrix} y_1 \\ y_2 \\ y_3 \\ \cdot \\ \cdot \\ \cdot \\ y_n \end{bmatrix} \qquad \mathbf{X} = \begin{bmatrix} 1 & x_{21} & x_{31} & \ldots & x_{k1} \\ 1 & x_{22} & x_{32} & \ldots & x_{k2} \\ 1 & x_{23} & x_{33} & \ldots & x_{k3} \\ \cdot & \cdot & \cdot & & \cdot \\ \cdot & \cdot & \cdot & & \cdot \\ \cdot & \cdot & \cdot & & \cdot \\ 1 & x_{2n} & x_{3n} & \ldots & x_{kn} \end{bmatrix}$$

Bestimmung der linearen Regressionsfunktion nach der Methode der kleinsten Quadrate

Stichprobenregressionskoeffizienten

$$\mathbf{b} = (\mathbf{X'X})^{-1}\,\mathbf{X'y} \quad \text{mit} \quad \mathbf{b} = (b_1, \ldots, b_k)'$$

Stichprobenregressionsfunktion

$$\hat{\mathbf{y}} = \mathbf{Xb}$$

16

Zerlegung der Abweichungsquadratsumme, lineares multiples Bestimmheitsmaß und lineares partielles Bestimmtheitsmaß

$$SQT = \sum_{i=1}^{n} (y_i - \bar{y})^2 = \sum_{i=1}^{n} y_i^2 - \frac{1}{n}\left(\sum_{i=1}^{n} y_i\right)^2$$

$$SQE = \sum_{i=1}^{n} (\hat{y}_i - \bar{y})^2$$

$$SQR = \sum_{i=1}^{n} (y_i - \hat{y}_i)^2 = \sum_{i=1}^{n} e_i^2$$

$$= \sum_{i=1}^{n} y_i^2 - b_1 \sum_{i=1}^{n} y_i - b_2 \sum_{i=1}^{n} x_{2i} y_i - \ldots - b_k \sum_{i=1}^{n} x_{ki} y_i$$

$$SQT = SQR + SQE$$

Lineares multiples Bestimmtheitsmaß

$$r^2_{Y \cdot 23 \ldots k} = \frac{SQE}{SQT} = \frac{\sum_{i=1}^{n} (\hat{y}_i - \bar{y})^2}{\sum_{i=1}^{n} (y_i - \bar{y})^2}$$

$$= 1 - \frac{\sum_{i=1}^{n} e_i^2}{\sum_{i=1}^{n} (y_i - \bar{y})^2} = 1 - \frac{SQR}{SQT}$$

$$0 \le r^2_{Y \cdot 23 \ldots k} \le 1$$

Linearer multipler Korrelationskoeffizient

$$r_{Y \cdot 23 \ldots k} = \sqrt{r^2_{Y \cdot 23 \ldots k}}$$

$$0 \leq r_{Y \cdot 23 \ldots k} \leq 1$$

Lineares partielles Bestimmheitsmaß

$SQE\,(X_2, \ldots, X_k)$ durch die Variablen $X_2, \ldots, X_k$ erklärte Abweichungsquadratsumme

$SQR\,(X_2, \ldots, X_k)$ durch $X_2, \ldots, X_k$ nicht erklärte Abweichungsquadratsumme

$SQE\,(X_k / X_2, \ldots, X_{k-1})$
$= SQE\,(X_2, \ldots, X_k) - SQE\,(X_2, \ldots, X_{k-1})$
durch Einführung von X_k zusätzlich erklärte Abweichungsquadratsumme

Das lineare partielle Bestimmtheitsmaß lautet:

$$r^2_{Yk \cdot 23 \ldots (k-1)} = \frac{SQE(X_k / X_2, \ldots, X_{k-1})}{SQR(X_2, \ldots, X_{k-1})}$$

$$= \frac{SQE(X_2, \ldots, X_k) - SQE(X_2, \ldots, X_{k-1})}{SQR(X_2, \ldots, X_{k-1})}$$

$$= \frac{r^2_{Y \cdot 23 \ldots k} - r^2_{Y \cdot 23 \ldots (k-1)}}{1 - r^2_{Y \cdot 23 \ldots (k-1)}}$$

Linearer partieller Korrelationskoeffizient

$$r_{Yk \cdot 23 \ldots (k-1)} = \sqrt{r^2_{Yk \cdot 23 \ldots (k-1)}}$$

$$0 \leq \left| r_{Yk \cdot 23 \ldots (k-1)} \right| \leq 1$$

Verteilung der Stichprobenregressionskoeffizienten bei linearer Mehrfachregression

Voraussetzungen:

In der Grundgesamtheit gilt die Beziehung

$$Y_i = \beta_1 + \beta_2 x_{2i} + \beta_3 x_{3i} + \ldots + \beta_k x_{ki} + U_i \quad (i = 1, \ldots, n);$$

und für die Störvariablen U_i gilt

$$\begin{array}{lll} E(U_i) & = 0 & (i = 1, \ldots, n) \\ Var(U_i) & = \sigma_U^2 & (i = 1, \ldots, n) \\ Cov(U_i, U_j) & = 0 & (i = 1, \ldots, n; j = 1, \ldots, n; i \neq j). \end{array}$$

Die Störvariablen U_i ($i = 1, \ldots, n$) sind normalverteilt mit den oben angegebenen Parametern.

Für die Varianzen und Kovarianzen der Zufallsvariablen $B_1, \ldots, B_k$ (mit den Realisationen $b_1, \ldots, b_k$), die in der Matrix

$$\mathbf{V} = \begin{bmatrix} Var(B_1) & Cov(B_1, B_2) & Cov(B_1, B_3) & \ldots & Cov(B_1, B_k) \\ Cov(B_2, B_1) & Var(B_2) & Cov(B_2, B_3) & \ldots & Cov(B_2, B_k) \\ Cov(B_3, B_1) & Cov(B_3, B_2) & Var(B_3) & \ldots & Cov(B_3, B_k) \\ . & . & . & \ldots & . \\ . & . & . & \ldots & . \\ . & . & . & \ldots & . \\ Cov(B_k, B_1) & Cov(B_k, B_2) & Cov(B_k, B_3) & \ldots & Var(B_k) \end{bmatrix}$$

zusammengefaßt werden, ist $\hat{\mathbf{V}}$ eine unverzerrrte Schätzfunktion.

$$\hat{\mathbf{V}} = \left[\hat{v}_{ij}\right]_{1 \le i,\, j \le k} = s_E^2 \, (\mathbf{X'X})^{-1}$$

mit

$$s_E^2 = \frac{1}{n-k}\left[\sum_{i=1}^{n} y_i^2 - b_1 \sum_{i=1}^{n} y_i - b_2 \sum_{i=1}^{n} x_{2i} y_i - \ldots - b_k \sum_{i=1}^{n} x_{ki} y_i\right].$$

Es ist also

$$s_{B_j} = \sqrt{\hat{v}_{jj}} \qquad (j = 1, \ldots, k).$$

Die Zufallsvariablen

$$T = \frac{B_j - \beta_j}{S_{B_j}} \qquad (j = 1, \ldots, k)$$

genügen einer *Studentverteilung* mit $\nu = n - k$ Freiheitsgraden.

Konfidenzintervalle für die Regressionskoeffizienten

Parameter	Konfidenzintervall	Standardfehler	Anzuwendende Verteilung
β_j ($j = 1, \ldots, k$)	$b_j - ts_{B_j} \le \beta_j \le b_j + ts_{B_j}$	$s_{B_j} = \sqrt{\hat{v}_{jj}}$	Studentverteilung mit $\nu = n - k$ *Bedingung:* Gültigkeit der Modellannahmen

16

16 Regressionsanalyse (Lineare Mehrfachregression)

Tests der Regressionskoeffizienten

Hypothese	Prüfgröße	Anzuwendende Verteilung
$\beta_j = 0$ ($j = 1, \ldots, k$)	$t = \frac{b_j}{s_{B_j}}$ mit $s_{B_j} = \sqrt{\hat{v}_{jj}}$	Studentverteilung mit $\nu = n - k$ *Bedingung:* Gültigkeit der Modellannahmen

Test des linearen Zusammenhangs

$H_0 : \beta_2 = \beta_3 = \ldots = \beta_k = 0$ (kein linearer Zusammenhang)
H_A : wenigstens ein β_j ungleich Null

$\beta_2 = \ldots = \beta_k = 0$	$\tilde{f} = \frac{MQE}{MQR} = \frac{(n-k)\,SQE}{(k-1)\,SQR}$ bzw. $\tilde{f} = \frac{(n-k)\,r^2_{Y \cdot 23 \ldots k}}{(k-1)(1 - r^2_{Y \cdot 23 \ldots k})}$	F-Verteilung mit $\nu_E = k - 1$ und $\nu_R = n - k$ *Bedingung:* Gültigkeit der Modellannahmen

Test auf linearen Einfluß einer Variablen X_k

$H_0 : \beta_k = 0$ (X_k übt keinen linearen Einfluß aus)
$H_A : \beta_k \neq 0$

$\beta_k = 0$	$\tilde{f} = \frac{MQE(X_k / X_2, \ldots, X_{k-1})}{MQR(X_2, \ldots, X_k)} = \frac{(n-k) \cdot [SQT(X_2, \ldots, X_k) - SQE(X_2, \ldots, X_{k-1})]}{SQR(X_2, \ldots, X_k)}$ bzw. $\tilde{f} = \frac{(n-k)(r^2_{Y \cdot 23 \ldots k} - r^2_{Y \cdot 23 \ldots (k-1)})}{1 - r^2_{Y \cdot 23 \ldots k}}$	F-Verteilung mit $\nu_E = 1$ und $\nu_R = n - k$ *Bedingung:* Gültigkeit der Modellannahmen

Prognose mit Hilfe der linearen Mehrfachregression

Konfidenzintervall für den *durchschnittlichen Prognosewert* $E(Y_o)$:

Parameter	Konfidenzintervall und Standardfehler	Anzuwendende Verteilung
$E(Y_o)$	$\hat{y}_o - ts_{\hat{Y}_o} \leq E(Y_o) \leq \hat{y}_o + ts_{\hat{Y}_o}$ $\hat{y}_0 = b_1 + b_2 x_{2o} + \ldots + b_k x_{ko}$ $s^2_{\hat{Y}_o} = \frac{s_E^2}{n} + \sum_{j=2}^{k} (x_{jo} - \bar{x}_j)^2 s^2_{B_j} +$ $+2 \sum_{\substack{m,j=2 \\ m<j}}^{k} (x_{mo} - \bar{x}_m)(x_{jo} - \bar{x}_j) \operatorname{Cov}(B_m, B_j)$ mit $s_{B_j} = \sqrt{\hat{v}_{jj}}$ und $\operatorname{Cov}(B_m, B_j) = \hat{v}_{mj}$	Studentverteilung mit $\nu = n - k$ *Bedingung:* Gültigkeit der Modellannahmen

Prognoseintervall für den *individuellen* Wert y_o:

Einzelwert	Prognoseintervall	Standardfehler	Anzuwendende Verteilung
y_o	$\hat{y}_o - ts_F \leq y_o \leq \hat{y}_o + ts_F$ mit $\hat{y}_o = b_1 + b_2 x_{2o} + \ldots +$ $+ b_k x_{ko}$	$s_F^2 = s^2_{\hat{Y}_o} + s_E^2$	Studentverteilung mit $\nu = n - k$ *Bedingung:* Gültigkeit der Modellannahmen

16

Beispiele für die Linearisierung von Regressionsfunktionen

Potenzfunktion:

$$Y_i = \beta_1 x_i^{\beta_2} U_i \qquad (i = 1, ..., n)$$

Durch eine *Logarithmierung* erhält man

$$\log Y_i = \log \beta_1 + \beta_2 \log x_i + \log U_i \qquad (i = 1, ..., n);$$

setzt man

$$Y_i' = \log Y_i,$$
$$\beta_1' = \log \beta_1,$$
$$x_i' = \log x_i \text{ und}$$
$$U_i' = \log U_i,$$

erhält man die *lineare Funktion*

$$Y_i' = \beta_1' + \beta_2 x_i' + U_i' \qquad (i = 1, ..., n).$$

Exponentialfunktion:

$$Y_i = \beta_1 e^{\beta_2 x_i} U_i \qquad (i = 1, \ldots, n; e = 2.71828\ldots)$$

Durch eine *auf die Basis* e *der natürlichen Logarithmen bezogene Logarithmierung* erhält man

$$\ln Y_i = \ln \beta_1 + \beta_2 x_i + \ln U_i \qquad (i = 1, ..., n);$$

setzt man

$$Y_i' = \ln Y_i,$$

$$\beta_1' = \ln \beta_1 \text{ und}$$

$$U_i' = \ln U_i,$$

erhält man die *lineare Funktion*

$$Y_i' = \beta_1' + \beta_2 x_i + U_i' \qquad (i = 1, ..., n).$$

Symbole für Preise und Mengen

$p_0^{(j)}$: Preis des Gutes j zur Basiszeit

$p_1^{(j)}$: Preis des Gutes j zur Berichtszeit

$q_0^{(j)}$: Menge des Gutes j zur Basiszeit

$q_1^{(j)}$: Menge des Gutes j zur Berichtszeit

Preisindex nach Laspeyres

$$_{L}P_{01} = \frac{\sum\limits_{j=1}^{n} \frac{p_1^{(j)}}{p_0^{(j)}} \cdot p_0^{(j)} q_0^{(j)}}{\sum\limits_{j=1}^{n} p_0^{(j)} q_0^{(j)}} \cdot 100\%$$

$$= \frac{\sum\limits_{j=1}^{n} p_1^{(i)} q_0^{(j)}}{\sum\limits_{j=1}^{n} p_0^{(j)} q_0^{(j)}} 100\% = \frac{\Sigma p_1 q_0}{\Sigma p_0 q_0} 100\%$$

Preisindex nach Paasche

$$_{P}P_{01} = \frac{\sum\limits_{j=1}^{n} \frac{p_1^{(j)}}{p_0^{(j)}} \cdot p_0^{(j)} q_1^{(j)}}{\sum\limits_{j=1}^{n} p_0^{(j)} q_0^{(j)}} \cdot 100\%$$

$$= \frac{\sum\limits_{j=1}^{n} p_1^{(i)} q_1^{(j)}}{\sum\limits_{j=1}^{n} p_0^{(j)} q_1^{(j)}} 100\% = \frac{\Sigma p_1 q_1}{\Sigma p_0 q_1} 100\%$$

Mengenindex nach Laspeyres

$$ {}_{L}Q_{01} = \frac{\Sigma q_1 p_0}{\Sigma q_0 p_0} \, 100\% $$

Mengenindex nach Paasche

$$ {}_{P}Q_{01} = \frac{\Sigma q_1 p_1}{\Sigma q_0 p_1} \, 100\% $$

Umsatzindex *(Wertindex)*

$$ U_{01} = \frac{\Sigma q_1 p_1}{\Sigma q_0 p_0} \, 100\% $$

Preisindex nach Drobisch

$$ {}_{D}P_{01} = \tfrac{1}{2} \left({}_{L}P_{01} + {}_{P}P_{01} \right) \% $$

Fishers idealer Preisindex

$$ {}_{F}P_{01} = \sqrt{{}_{L}P_{01} \cdot {}_{P}P_{01}} \; \% $$

Marshall-Edgeworth-Preisindex
(arithmetische Kreuzung der Gewichte)

$$ P_{01} = \frac{\Sigma p_1 \dfrac{q_0 + q_1}{2}}{\Sigma p_0 \dfrac{q_0 + q_1}{2}} \, 100\% = \frac{\Sigma p_1 (q_0 + q_1)}{\Sigma p_0 (q_0 + q_1)} \, 100\% $$

17

Preisindex mit geometrischer Kreuzung der Gewichte

$$P_{01} = \frac{\Sigma p_1 \sqrt{q_0 q_1}}{\Sigma p_0 \sqrt{q_0 q_1}} 100\%$$

Preisindex nach Lowe

$$_{Lo}P_{01} = \frac{\Sigma p_1 \bar{q}}{\Sigma p_0 \bar{q}} 100\% \quad \text{mit} \quad \bar{q} = \frac{q_0 + q_1 + \ldots + q_t}{t + 1}$$

Mengenindex nach Lowe

$$_{Lo}Q_{01} = \frac{\Sigma q_1 \bar{p}}{\Sigma q_0 \bar{p}} 100\% \quad \text{mit} \quad \bar{p} = \frac{p_0 + p_1 + \ldots + p_t}{t + 1}$$

Absolute Konzentration

Konzentrationsrate

Für eine geordnete Folge von N Merkmalswerten

$a_{[1]} \leq a_{[2]} \leq \ldots \leq a_{[N]}$

bzw. von N Merkmalswertanteilen

$p_{[1]} \leq p_{[2]} \leq \ldots \leq p_{[N]}$

mit $$p_{[i]} = \frac{a_{[i]}}{\sum_{j=1}^{N} a_{[j]}} \qquad (i = 1, \ldots, N)$$

ergibt sich die *Konzentrationsrate* (englisch: *concentration ratio*)

$$C_m = \frac{\sum_{i=N-m+1}^{N} a_{[i]}}{\sum_{i=1}^{N} a_{[i]}} = \frac{\sum_{i=N-m+1}^{N} p_{[i]}}{\sum_{i=1}^{N} p_{[i]}} = \sum_{i=N-m+1}^{N} p_{[i]},$$

welche den Anteil der größten m Merkmalsträger am gesamten Merkmalsbetrag angibt.

18

Herfindahl-Index

Für die N Merkmalswerte a_i $(i = 1, \ldots, N)$

bzw. die N Merkmalsanteile p_i $(i = 1, \ldots, N)$

ergibt sich der *Herfindahl-Index (Hirschman-Index)*

$$H = \sum_{i=1}^{N} p_i^2 = \frac{\sum_{i=1}^{N} a_i^2}{\left(\sum_{i=1}^{N} a_i\right)^2}.$$

Es gilt $\frac{1}{N} \leq H \leq 1$;

weiterhin besteht zwischen dem *Herfindahl-Index* H und der *Varianz* σ^2 bzw. dem *Variationskoeffizienten* $VC = \sigma / \mu$ der Zusammenhang:

$$H = \frac{1}{N}\left[(VC)^2 + 1\right] = \frac{1}{N}\left[\frac{\sigma^2}{\mu^2} + 1\right].$$

18

Relative Konzentration

Lorenz-Kurve

Gegeben sei eine geordnete Folge von N Merkmalswerten

$a_{[1]} \leq a_{[2]} \leq \ldots \leq a_{[N]}$

bzw. von N Merkmalswertanteilen

$p_{[1]} \leq p_{[2]} \leq \ldots \leq p_{[N]}$

mit $$p_{[i]} = \frac{a_{[i]}}{\sum_{j=1}^{N} a_{[j]}} \qquad (i = 1, \ldots, N).$$

Die Koordinaten (u_i, v_i) der *Lorenz-Kurve* ergeben sich für die Einzelwerte ausgehend vom Punkt ($u_0 = 0$, $v_0 = 0$) zu:

$$u_i = \frac{i}{N} \qquad \text{(x-Achse)}$$

$$v_i = \frac{\sum_{j=1}^{i} a_{[j]}}{\sum_{j=1}^{N} a_{[j]}} = \sum_{j=1}^{i} p_{[j]} \qquad \text{(y-Achse)} \qquad (i = 1, \ldots, N).$$

Hilfssumme: $$V = \sum_{i=1}^{N} v_i - 0{,}5$$

18

Sind die N Merkmalsträger in k Klassen *klassifiziert*, d. h. treten die Merkmalswerte x_i mit den absoluten Häufigkeiten h_i ($i = 1, \ldots, k$) auf, dann ist

$$u_i = \frac{\sum_{j=1}^{i} h_j}{\sum_{j=1}^{k} h_j} \qquad \text{(x-Achse)}$$

$$v_i = \frac{\sum_{j=1}^{i} x_j h_j}{\sum_{j=1}^{k} x_j h_j}. \qquad \text{(y-Achse)} \qquad (i = 1, \ldots, k) .$$

Hilfssumme: $V = \sum_{i=1}^{k} h_i \frac{v_{i-1} + v_i}{2}$

Konzentrationsmaß nach Lorenz-Münzner

Aus F, der Fläche zwischen der *Lorenz-Kurve* und der *Hauptdiagonalen*,

$$F = \frac{N - 2V}{2N} ,$$

ergibt sich das *Konzentrationsmaß nach Lorenz-Münzner*

$$\kappa = 1 - \frac{2V - 1}{N - 1} = \frac{N - 2V}{N - 1} .$$

Es gilt $0 \le \kappa \le 1$.

18

Konzentrationsverhältnis nach Gini

Für das *Konzentrationsverhältnis nach Gini* (*Gini-Koeffizient*) G gilt

$$G = 1 - \frac{2V}{N} \text{ mit } 0 \le G \le \frac{N-1}{N} .$$

Summenzeichen

$x_1, x_2, \ldots, x_n$ seien beliebige Zahlen. Ihre *Summe*

$$x_1 + x_2 + \ldots + x_n$$

läßt sich verkürzt als

$$\sum_{j=1}^{n} x_j$$

- obere Summationsgrenze (n)
- Summationsindex oder Subskript (j)
- untere Summationsgrenze (j=1)

(lies: Summe der x_j, j von 1 bis n)

schreiben. Häufig findet man auch die Schreibweisen

$$\sum_{1 \le j \le n} x_j = \sum_j x_j = \sum x_j \,.$$

Als Symbol für den Summationsindex werden neben j häufig auch i, k usw. benutzt; der Wert der Summe ändert sich dadurch nicht. Es ist also

$$\sum_{j=1}^{n} x_j = \sum_{i=1}^{n} x_i = \sum_{k=1}^{n} x_k \qquad \text{usw.}$$

Einige *Rechenregeln für das Summenzeichen*

$$\sum_{j=1}^{n} c \cdot x_j = c \cdot \sum_{j=1}^{n} x_j \qquad \text{(c beliebige Konstante)}$$

$$\sum_{j=1}^{n} (x_j \pm y_j) = \sum_{j=1}^{n} x_j \pm \sum_{j=1}^{n} y_j$$

$$\sum_{j=1}^{n} c = n \cdot c \qquad \text{(c beliebige Konstante)}$$

$$\sum_{j=1}^{m} x_j + \sum_{j=m+1}^{n} x_j = \sum_{j=1}^{n} x_j \qquad (m < n)$$

19 Summen- und Produktzeichen

Werte einiger spezieller Summen

$$\sum_{j=1}^{n} j = \frac{n(n+1)}{2}$$

$$\sum_{j=1}^{n} j^2 = \frac{n(2n+1)(n+1)}{6}$$

$$\sum_{j=1}^{n} j^3 = \left[\frac{n(n+1)}{2}\right]^2$$

$$\sum_{j=1}^{n} j^4 = \frac{n(n+1)\cdot(2n+1)\cdot(3n^2+3n-1)}{30}$$

Gegeben sei folgende *zweidimensionale Tabelle*:

Spalte / Zeile	1	2	...	j	...	n	Σ
1	x_{11}	x_{12}	...	x_{1j}	...	x_{1n}	$\sum_{j=1}^{n} x_{1j} = x_{1.}$
2	x_{21}	x_{22}	...	x_{2j}	...	x_{2n}	$\sum_{j=1}^{n} x_{2j} = x_{2.}$
⋮	⋮	⋮		⋮		⋮	⋮
i	x_{i1}	x_{i2}	...	x_{ij}	...	x_{in}	$\sum_{j=1}^{n} x_{ij} = x_{i.}$
⋮	⋮	⋮		⋮		⋮	⋮
m	x_{m1}	x_{m2}	...	x_{mj}	...	x_{mn}	$\sum_{j=1}^{n} x_{mj} = x_{m.}$
Σ	$\sum_{i=1}^{m} x_{i1} = x_{.1}$	$\sum_{i=1}^{m} x_{i2} = x_{.2}$	...	$\sum_{i=1}^{m} x_{ij} = x_{.j}$	...	$\sum_{i=1}^{m} x_{in} = x_{.n}$	$\sum_{i=1}^{m}\sum_{j=1}^{n} x_{ij} = x_{..}$

Der *Wert der Doppelsumme*

$$\sum_{i=1}^{m}\sum_{j=1}^{n} x_{ij} = x_{..} = x_{11} + x_{12} + \ldots + x_{ij} + \ldots + x_{mn}$$

ist unabhängig davon, in welcher Reihenfolge addiert wird; $x_{..}$ kann also durch *Additon der Zeilensummen* $x_{i.}$ $(i = 1, \ldots, m)$, also als

$$x_{..} = \sum_{i=1}^{m} x_{i.} = \sum_{i=1}^{m}\sum_{j=1}^{n} x_{ij}$$

oder aber durch *Addition der Spaltensummen* $x_{.j}$ $(j = 1, \ldots, n)$, also als

$$x_{..} = \sum_{j=1}^{n} x_{.j} = \sum_{j=1}^{n}\sum_{i=1}^{m} x_{ij}$$

ermittelt werden; es gilt demnach

$$\sum_{i=1}^{m}\sum_{j=1}^{n} x_{ij} = \sum_{j=1}^{n}\sum_{i=1}^{m} x_{ij} .$$

Einige *Rechenregeln für Doppelsummen*

$$\sum_{i=1}^{m}\sum_{j=1}^{n} c \cdot x_{ij} = c \cdot \sum_{i=1}^{m}\sum_{j=1}^{n} x_{ij}$$ (c beliebige Konstante)

$$\sum_{i=1}^{m}\sum_{j=1}^{n} (x_{ij} + y_{ij}) = \sum_{i=1}^{m}\sum_{j=1}^{n} x_{ij} + \sum_{i=1}^{m}\sum_{j=1}^{n} y_{ij}$$

$$\sum_{i=1}^{m}\sum_{j=1}^{n} c = m \cdot n \cdot c$$ (c beliebige Konstante)

$$\sum_{i=1}^{m}\sum_{j=1}^{n} x_i y_j = \left(\sum_{i=1}^{m} x_i\right)\left(\sum_{j=1}^{n} y_j\right)$$

(x_i $(i = 1, \ldots, m)$ und y_j $(j = 1, \ldots, n)$ beliebige reelle Zahlen)

19

Produktzeichen

$x_1, x_2, \ldots, x_n$ seien beliebige reelle Zahlen.
Ihr *Produkt*

$$x_1 \cdot x_2 \cdot \ldots \cdot x_n$$

läßt sich verkürzt als

$$\prod_{j=1}^{n} x_j$$

(n ← obere Multiplikationsgrenze; j ← Multiplikationsindex; j=1 ← untere Multiplikationsgrenze)

schreiben. Häufig findet man auch die Schreibweisen

$$\prod_{1 \leq j \leq n} x_j = \prod_j x_j = \prod x_j \ .$$

Einige *Rechenregeln für das Produktzeichen*

$$\prod_{j=1}^{n} cx_j = c^n \prod_{j=1}^{n} x_j$$ (c beliebige Konstante)

$$\prod_{j=1}^{n} (x_j y_j) = \prod_{j=1}^{n} x_j \prod_{j=1}^{n} y_j$$

$$\prod_{j=1}^{n} c = c^n$$ (c beliebige Konstante)

$$\prod_{j=1}^{n} x_j^2 = \left(\prod_{j=1}^{n} x_j \right)^2$$

Definitionen

Eine auf dem Intervall (a, b) definierte Funktion f ist in $x_0 \in (a, b)$ differenzierbar, wenn

$$\lim_{x \to x_0} \frac{f(x) - f(x_0)}{x - x_0}$$

existiert. Dann heißt

$$f'(x_0) = \lim_{x \to x_0} \frac{f(x) - f(x_0)}{x - x_0}$$

die 1. Ableitung von f an der Stelle x_0.

$$\left(\text{Auch } f'(x_0) = f'(x)\Big|_{x=x_0} = \lim_{\Delta x \to 0} \frac{\Delta y}{\Delta x} = \frac{dy}{dx\Big|_{x=x_0}} = y'\Big|_{x=x_0} \right)$$

Ist f in jedem Punkt $x_0 \in (a, b)$ differenzierbar, so ist f in (a, b) differenzierbar und f'(x) heißt die 1. Ableitung von f.

$$\left(\text{Auch } f'(x) = \frac{dy}{dx} = y' \right)$$

Differentiationsregeln

$(af)'(x)$	$=$	$af'(x)$	(für $a \in \mathbb{R}$)
$(f \pm g)'(x)$	$=$	$f'(x) \pm g'(x)$	
$(f \cdot g)'(x)$	$=$	$f'(x)\,g(x) + f(x)\,g'(x)$	
$\left(\frac{f}{g}\right)'(x)$	$=$	$\frac{f'(x)\,g(x) - f(x)\,g'(x)}{[g(x)]^2}$	(für $g(x) \neq 0$)
$f[g(x)]'$	$=$	$f'[g(x)]\,g'(x)$	
$(f^{-1})'(y)$	$=$	$\frac{1}{f'(x)}$	(für $y = f(x)$)

Einige wichtige Ableitungen

f(x)	f'(x)
$x^n \quad x \in \mathbb{N}$	nx^{n-1}
$c \quad c \in \mathbb{R}$	0
e^x	e^x
$\ln x \quad x \in \mathbb{R}^+ \setminus \{0\}$	$\frac{1}{x}$
$a^x \quad a \in \mathbb{R}^+ \setminus \{0\}$	$a^x \ln a$

Funktionen mehrerer Veränderlicher

f sei auf (a, b) x (c, d) definiert und $(x_o, y_o) \in (a, b) \times (c, d)$.
Dann heißen:

$$\frac{\partial f}{\partial x}(x_o, y_o) = \lim_{x \to x_o} \frac{f(x, y_o) - f(x_o, y_o)}{x - x_o} = f_x(x_o, y_o)$$

$$\frac{\partial f}{\partial y}(x_o, y_o) = \lim_{y \to y_o} \frac{f(x_o, y) - f(x_o, y_o)}{y - y_o} = f_y(x_o, y_o)$$

partielle Ableitungen 1. Ordnung nach x bzw. y an der Stelle (x_o, y_o).

Definitionen

Ist die Funktion f auf dem Intervall (a, b) definiert und gibt es eine Funktion F auf (a, b) mit

$$F'(x) = f(x)\,,$$

so heißt F eine Stammfunktion von f. Mit F ist auch F + c, $c \in \mathbb{R}$ eine Stammfunktion von f. Man schreibt

$$\int f(x)\,dx = F(x) + c\,.$$

Einige wichtige Stammfunktionen

f(x)		F(x)
c	$c \in \mathbb{R}$	cx
x^n	$n \in \mathbb{Z} \setminus \{-1\}$	$\frac{1}{n+1}\, x^{n+1}$
$\frac{1}{x}$	$x \in \mathbb{R}^+ \setminus \{0\}$	$\ln x$
e^x		e^x
a^x	$a \in \mathbb{R}^+ \setminus \{0; 1\}$	$\frac{1}{\ln a}\, a^x$

Bestimmtes Integral

Es sei f auf [a, b] definiert und es seien zu jedem $n \in \mathbb{N}$ Unterteilungen von [a, b]

$$a = x_0^{(n)} \leq x_1^{(n)} \leq \ldots \leq x_n^{(n)} = b$$

so gewählt, daß für alle i gilt:

21

$$\lim_{n\to\infty}\left(x_i^{(n)} - x_{i-1}^{(n)}\right) = 0$$

Wenn unabhängig von den speziellen Unterteilungen und unabhängig von der Wahl der $\xi_i^{(n)} \in \left[x_{i-1}^{(n)}, x_i^{(n)}\right]$

$$\lim_{n\to\infty}\sum_{i=1}^{n} f\left(\xi_i^{(n)}\right)\left(x_i^{(n)} - x_{i-1}^{(n)}\right)$$

existiert, so heißt der Grenzwert „bestimmtes Integral für f zwischen a und b“

$$\int_a^b f(x)dx = \lim_{n\to\infty}\sum_{i=1}^{n} f\left(\xi_i^{(n)}\right)\left(x_i^{(n)} - x_{i-1}^{(n)}\right).$$

Integrationsregeln

Ist F eine Stammfunktion von f, so gilt

$$\int_a^b f(x)\,dx = F(b) - F(a)$$

$$\int_a^b f(x)\,dx = -\int_b^a f(x)\,dx$$

$$\int_a^c f(x)\,dx + \int_c^b f(x)\,dx = \int_a^b f(x)\,dx$$

$$\int_a^b cf(x)\,dx = c\int_a^b f(x)\,dx \qquad (c \in \mathbb{R})$$

21

$$\int_a^b \left[f(x) \pm g(x)\right]dx = \int_a^b f(x)\,dx \pm \int_a^b g(x)\,dx$$

Partielle Integration

$$\int_a^b f(x)\, g'(x)\, dx = f(b)\, g(b) - f(a)\, g(a) - \int_a^b f'(x)\, g(x)\, dx$$

Substitution

$$\int_a^b f\left[g(x)\right] g'(x)\, dx = \int_{g(a)}^{g(b)} f(y)\, dy \qquad \text{für } g'(x) \neq 0, \ \forall\ x \in (a, b)$$

22 Matrizenrechnung

(1) Definitionen

Eine Matrix ist als *rechteckiges Zahlenschema* der Form

$$\begin{bmatrix} a_{11} & a_{12} & \dots & a_{1j} & \dots & a_{1n} \\ a_{21} & a_{22} & \dots & a_{2j} & \dots & a_{2n} \\ \cdot & \cdot & & \cdot & & \cdot \\ \cdot & \cdot & & \cdot & & \cdot \\ \cdot & \cdot & & \cdot & & \cdot \\ a_{i1} & a_{i2} & & a_{ij} & & a_{in} \\ \cdot & \cdot & & \cdot & & \cdot \\ \cdot & \cdot & & \cdot & & \cdot \\ \cdot & \cdot & & \cdot & & \cdot \\ a_{m1} & a_{m2} & \dots & a_{mj} & \dots & a_{mn} \end{bmatrix}$$

definiert. Sie besitzt m Zeilen und n Spalten und heißt **m, n-Matrix** oder **Matrix der Ordnung [m, n]**. In *verkürzter Schreibweise* wird sie beispielsweise als

$$\left[a_{ij}\right] \quad \text{oder} \quad \underset{[m,n]}{\mathbf{A}} \quad \text{oder} \quad \mathbf{A}$$

bezeichnet.
Eine *Matrix*, die nur *eine einzige Spalte* besitzt, heißt **Spaltenvektor**.
Beispiel

$$\mathbf{b} = \begin{bmatrix} b_1 \\ b_2 \\ \cdot \\ \cdot \\ \cdot \\ b_m \end{bmatrix}$$

Eine *Matrix*, die nur *eine einzige Zeile* besitzt, heißt **Zeilenvektor**.
Beispiel

$$\mathbf{c} = \left[c_1 \quad c_2 \quad \dots \quad c_n\right]$$

Eine *Matrix, deren Elemente alle Null sind,* heißt **Nullmatrix**.
Beispiel

$$\mathbf{0} = \begin{bmatrix} 0 & 0 & 0 \\ & & \\ 0 & 0 & 0 \end{bmatrix}$$

Eine *Matrix mit* n *Zeilen und* n *Spalten* heißt **quadratische Matrix n-ter Ordnung**.
Beispiel

$$\begin{bmatrix} a_{11} & a_{12} & a_{13} & a_{14} \\ a_{21} & a_{22} & a_{23} & a_{24} \\ a_{31} & a_{32} & a_{33} & a_{34} \\ a_{41} & a_{42} & a_{43} & a_{44} \end{bmatrix}$$

Die *Elemente einer quadratischen Matrix, für die Zeilenindex und Spaltenindex übereinstimmen* (a_{ii}; $i = 1, \ldots, n$) nennt man **Diagonalelemente**. – Sind in einer Matrix *alle Nicht-Diagonalelemente Null*, dann spricht man von einer **Diagonalmatrix**.
Beispiel

$$\begin{bmatrix} a_{11} & 0 & 0 \\ 0 & a_{22} & 0 \\ 0 & 0 & a_{33} \end{bmatrix}$$

Eine *Diagonalmatrix, deren Diagonalelemente alle* 1 *sind,* heißt **Einheitsmatrix** und wird mit **E** oder **I** bezeichnet.
Beispiel

$$\begin{bmatrix} 1 & 0 & 0 \\ 0 & 1 & 0 \\ 0 & 0 & 1 \end{bmatrix}$$

Vertauscht man in der Matrix **A** *Zeilen und Spalten, so entsteht die* **Transponierte A'**.

Beispiel

$$\mathbf{A} = \begin{bmatrix} 5 & 7 & 3 \\ \\ 2 & 1 & 0 \end{bmatrix} \qquad \mathbf{A}' = \begin{bmatrix} 5 & 2 \\ 7 & 1 \\ 3 & 0 \end{bmatrix}$$

Zwei Matrizen A und B heißen **gleich**, *wenn beide Matrizen die gleiche Zeilen- und Spaltenzahl besitzen und wenn die entsprechenden Elemente einander gleich sind*, also $a_{ij} = b_{ij}$ für alle i, j gilt.

Beispiel

$$\mathbf{A} = \begin{bmatrix} 3 & 1 \\ 1 & 7 \end{bmatrix} \qquad \mathbf{B} = \begin{bmatrix} 3 & 1 \\ 1 & 7 \end{bmatrix}; \qquad \mathbf{A} = \mathbf{B}$$

Für eine **symmetrische Matrix A** gilt $a_{ij} = a_{ji}$ bzw. **A = A'**.

(2) Regeln für das Rechnen mit Matrizen (Matrizenoperationen)

Matrizenaddition

Sind **A** und **B** von gleicher Ordnung, so heißt die Matrix, deren Elemente sich durch Addition der entsprechenden Elemente von **A** und **B** ergeben, die Summe **A + B**; bezeichnen wir diese Summe mit **C**, dann gilt also für die Elemente c_{ij} von **C**

$$c_{ij} = a_{ij} + b_{ij} \quad \text{für alle i, j.}$$

Beispiel

$$\mathbf{A} = \begin{bmatrix} 3 & 0 \\ 8 & 5 \end{bmatrix} \quad \mathbf{B} = \begin{bmatrix} 2 & 9 \\ 1 & -4 \end{bmatrix}; \quad \mathbf{C} = \mathbf{A} + \mathbf{B} = \begin{bmatrix} 5 & 9 \\ 9 & 1 \end{bmatrix}$$

Es gilt **A + B = B + A** und **(A + B) + C = A + (B + C).**
A + 0 = A.

Matrizensubtraktion

In analoger Weise zur Matrizenaddition ergibt sich für die Differenz zweier Matrizen

$$\mathbf{C} = \mathbf{A} - \mathbf{B}$$

für die einzelnen Elemente c_{ij}

$$c_{ij} = a_{ij} - b_{ij} \qquad \text{für alle } i, j.$$

Skalarmultiplikation

Eine Matrix **A** wird mit einer beliebigen reellen Zahl λ (in der Matrizenrechnung **Skalar** genannt) multipliziert, in dem jedes Element von **A** mit λ multipliziert wird.

Beispiel

$$\mathbf{A} = \begin{bmatrix} 3 & 1 \\ 0 & 4 \end{bmatrix}; \quad \lambda = 2; \quad \lambda \cdot \mathbf{A} = \mathbf{A} \cdot \lambda = \begin{bmatrix} 6 & 2 \\ 0 & 8 \end{bmatrix}$$

Matrizenmultiplikation

Wenn **A** eine [m, n]-Matrix und **B** eine [n, p]-Matrix ist, dann ist das Produkt **C = A · B** als [m, p]-Matrix definiert mit den Elementen

$$c_{ij} = \sum_{k=1}^{n} a_{ik} \cdot b_{kj} \qquad (i = 1, \ldots, m; j = 1, \ldots, p);$$

beispielsweise ergibt sich das Element c_{23} als

$$c_{23} = \sum_{k=1}^{n} a_{2k} \cdot b_{k3} = a_{21} \cdot b_{13} + a_{22} \cdot b_{23} + \ldots + a_{2n} \cdot b_{n3};$$

d. h. es werden hier die Elemente der 2. *Zeile* von **A** mit den entsprechenden Elementen der 3. *Spalte* von **B** multipliziert und die Produkte aufsummiert.

Beispiel

$$\mathbf{A} = \begin{bmatrix} 5 & 0 & 1 \\ \\ -3 & 8 & 2 \end{bmatrix}; \quad \mathbf{B} = \begin{bmatrix} 7 & 5 \\ 0 & 1 \\ 4 & 9 \end{bmatrix}$$

$$\mathbf{C} = \mathbf{A} \cdot \mathbf{B} = \begin{bmatrix} 5\cdot7+0\cdot0+1\cdot4 & 5\cdot5+0\cdot1+1\cdot9 \\ -3\cdot7+8\cdot0+2\cdot4 & -3\cdot5+8\cdot1+2\cdot9 \end{bmatrix} = \begin{bmatrix} 39 & 34 \\ -13 & 11 \end{bmatrix}$$

Im allgemeinen gilt $\mathbf{A} \cdot \mathbf{B} \neq \mathbf{B} \cdot \mathbf{A}$.

Ferner gilt

$$(\mathbf{A} \cdot \mathbf{B}) \cdot \mathbf{C} = \mathbf{A} \cdot (\mathbf{B} \cdot \mathbf{C})\,;$$
$$\mathbf{A} \cdot (\mathbf{B} + \mathbf{C}) = \mathbf{A} \cdot \mathbf{B} + \mathbf{A} \cdot \mathbf{C}$$
$$(\mathbf{B} + \mathbf{C}) \cdot \mathbf{A} = \mathbf{B} \cdot \mathbf{A} + \mathbf{C} \cdot \mathbf{A}\,;$$
$$\mathbf{A} \cdot \mathbf{E} = \mathbf{E} \cdot \mathbf{A} = \mathbf{A}\,.$$

Für **Transponierte** gilt:

$$(\mathbf{A}')' = \mathbf{A}$$
$$(\mathbf{A} + \mathbf{B})' = \mathbf{A}' + \mathbf{B}'$$
$$(\mathbf{A} \cdot \mathbf{B})' = \mathbf{B}' \cdot \mathbf{A}'$$
$$(\mathbf{A} \cdot \mathbf{B} \cdot \mathbf{C})' = \mathbf{C}' \cdot \mathbf{B}' \cdot \mathbf{A}'$$

Für die **Inverse** $\mathbf{A}^{-1}$ einer quadratischen Matrix **A** gilt die Beziehung

$$\mathbf{A}^{-1} \cdot \mathbf{A} = \mathbf{A} \cdot \mathbf{A}^{-1} = \mathbf{E}\,.$$

Für **Inverse** gilt allgemein:

$$(\mathbf{A} \cdot \mathbf{B})^{-1} = \mathbf{B}^{-1} \cdot \mathbf{A}^{-1}$$
$$(\mathbf{A} \cdot \mathbf{B} \cdot \mathbf{C})^{-1} = \mathbf{C}^{-1} \cdot \mathbf{B}^{-1} \cdot \mathbf{A}^{-1}$$
$$(\mathbf{A}')^{-1} = (\mathbf{A}^{-1})'$$

Für eine **Diagonal**matrix **D** gilt:

$$\mathbf{A} \cdot \mathbf{D} = \mathbf{D} \cdot \mathbf{A}\,.$$

Statistische Tabellen

Statistische Tabellen

Seite

1 Zufallszahlentafel – Gleichverteilte Zufallszahlen

82797	49552	86128	15569	72103	55174	08192	05769	79867	18514
69042	00194	23511	36619	42175	15985	95781	26206	76501	04906
35992	92976	19434	07339	67890	95044	52136	96423	97194	74597
44641	43579	98236	63393	06714	24958	98497	06109	92756	89099
03398	95557	66956	59368	05237	52246	35028	50834	59814	05023
43120	41953	66768	25957	75711	77805	76514	97893	24194	08232
20793	00379	72703	91403	66395	67631	49544	16683	05717	77754
51527	97111	73187	92926	11649	42451	13162	85674	22777	92144
88594	66580	59388	85408	57839	37877	53049	97605	49928	76016
54367	93985	01367	21171	75889	85787	90415	10172	73985	60224
74130	98633	71205	55571	36474	70096	34410	03609	29759	13898
18488	95378	83903	91007	25586	65398	59732	71262	06952	52440
46953	18748	12038	03964	04019	68400	03072	32052	14144	01820
67362	64548	80046	28862	41520	18149	64679	51705	91687	39392
37671	64344	50553	36433	73008	17288	62185	51556	68417	25648
78589	68148	49469	43550	27773	55995	27085	56505	52896	97753
57994	73092	89145	50065	21883	79881	76368	64297	41124	81446
39033	44684	36545	16965	60422	33721	08144	70252	40850	46760
85095	14359	21747	94427	45479	39436	97157	65028	59671	70828
19780	71248	42909	18626	46121	11499	08115	83425	80841	43321
67501	34684	32169	97780	30337	41695	03767	85147	22643	60560
87304	92769	24408	97950	37658	30941	35025	88763	59019	33897
27103	56107	97449	81417	45850	20767	41131	50645	38653	46861
16115	03521	32625	37329	95917	87481	56925	00193	28181	53540
74958	25848	70585	73859	11120	75091	05393	25847	33503	22953
58118	58150	58141	41822	12504	00638	17764	53961	01847	12367
69131	51661	27558	66203	75132	48893	09183	54693	23548	86351
27539	07451	46757	26574	73200	15716	89474	97276	26473	42916
77319	55312	49552	09178	84375	54368	03145	50599	51897	95090
75572	83298	15555	85710	51406	65093	24116	66195	75072	69753
05276	73457	78798	00837	24776	65133	84676	54453	83896	06862
24233	84823	99920	71297	93365	41456	62444	96723	04043	54123
45526	72440	87250	01507	62030	27408	80320	74243	22608	22174
23641	24704	31503	48289	71903	67748	97872	95600	13964	09205
90894	45180	39557	15165	44034	47412	95827	45083	71423	56498
81571	16847	80189	54607	96286	13866	63625	95547	91001	17288
39864	96376	03308	85681	02889	77671	49314	44978	89046	91386
54485	89070	64486	49344	82861	02455	72461	49143	22454	16362
75434	47000	07992	23472	93148	20786	82077	20061	10839	79174
91209	41098	14097	93669	60663	36063	93700	97242	10220	16205
06427	88996	56771	64823	01432	04263	30113	90600	85991	26930
85590	10119	71412	94688	55423	62172	10403	43101	21901	74603
81081	62408	95988	43744	62826	66315	41907	83934	94972	69623
06062	21138	90389	14657	41306	56399	91751	37099	54403	28458
40638	39788	11732	25483	50753	91875	13729	21396	76717	64604
20847	35184	00844	04595	08062	51025	62746	81019	41031	94561
27340	93168	92422	19294	15933	87711	84093	88270	67677	06289
15868	05533	69715	77873	28907	98700	56985	65537	04388	30124
27853	17316	94445	29842	81849	72502	62907	47939	37560	84751
34889	69565	95523	20136	28003	00711	09935	25114	35500	54928

2 Zufallszahlentafel – Standardnormalverteilte Zufallszahlen

0.316	1.542	1.468	–0.042	–2.088	–0.796	–1.677	0.858	–0.760	–0.080
1.304	–0.027	–1.478	1.254	–0.400	–0.239	0.183	2.732	–0.479	1.274
–0.132	–1.534	–0.068	–0.129	–1.846	1.617	0.467	0.714	1.270	–2.175
1.123	–0.451	1.459	–0.579	0.149	1.291	–0.283	0.061	–2.653	–0.843
0.105	–0.191	–0.615	–0.479	–1.347	1.030	–0.128	0.137	–1.074	–0.048
–1.706	–0.439	–1.162	0.587	0.454	–0.012	–0.361	0.321	–1.627	–0.909
–1.457	1.860	–0.675	0.486	–0.115	0.296	–1.192	–1.708	–1.910	–0.141
0.748	–0.346	0.446	0.729	0.377	0.949	0.759	–1.363	–0.581	0.625
1.370	0.355	1.000	0.419	–0.294	0.691	–0.749	–0.637	–1.138	0.193
–0.695	1.508	0.050	–1.074	–1.227	0.867	0.652	0.171	–1.008	–0.076
–1.062	1.277	0.031	0.628	–0.000	–0.555	0.471	–0.391	1.691	0.356
–1.681	–1.025	–0.928	1.640	0.125	–0.150	0.123	–0.404	1.104	2.345
–0.188	–0.298	0.164	–0.318	–1.182	0.279	–1.050	–1.295	0.714	0.121
0.402	0.621	–0.652	0.204	1.047	0.627	–0.423	–0.076	0.382	–0.397
0.765	–1.327	0.177	0.574	–1.482	0.189	–0.067	0.228	–0.180	–0.129
–0.154	0.390	–2.257	1.182	–0.383	–0.963	0.201	–0.171	0.704	1.646
1.140	–1.589	–1.266	–0.474	–0.253	0.072	0.588	–0.004	–0.512	–0.222
–0.127	–0.138	–0.174	0.203	–0.795	0.284	0.837	0.869	0.384	–1.693
0.153	–1.433	0.326	0.008	–0.177	–0.273	–0.602	0.120	–0.570	0.420
–0.531	1.012	–0.302	0.223	1.314	–0.092	–0.111	1.184	–0.140	1.405
–0.677	0.823	0.491	0.147	–1.208	2.240	1.295	–1.925	0.591	0.700
1.740	–0.229	0.597	0.272	–0.341	0.202	0.294	–0.639	0.081	1.119
0.814	0.335	0.860	–0.047	0.049	0.455	–1.301	1.222	–1.210	–0.161
–0.815	1.497	0.832	–0.262	0.351	1.066	–1.119	0.524	0.418	–1.165
1.271	–0.745	–0.546	–1.066	–1.514	1.615	–1.229	1.164	0.161	–0.014
–0.691	0.236	0.988	–0.049	–0.576	0.960	–0.011	0.041	–0.693	–1.163
1.549	1.203	–0.940	1.295	2.189	–0.080	–0.573	0.185	0.268	–0.072
0.121	0.374	–0.045	–1.817	2.244	–0.973	0.036	–0.676	0.632	1.047
–0.814	1.209	1.275	0.329	–1.008	–0.673	1.004	–1.303	–1.740	1.320
1.178	1.044	–0.166	–1.126	0.929	1.084	–0.038	–0.324	0.727	0.265
1.008	1.360	1.998	–0.075	0.923	–0.241	–2.347	0.814	0.422	–2.140
–2.522	0.108	0.899	1.180	0.245	–0.530	–2.161	0.821	0.682	–0.543
–0.981	1.162	–1.422	–2.723	–0.124	1.102	–2.001	–0.421	0.602	–0.164
–2.258	0.857	–0.772	0.305	–1.558	0.868	1.280	–0.294	0.031	–0.104
0.202	0.147	–0.707	–0.352	0.461	–1.748	–0.165	–1.607	–0.851	–1.648
–0.835	0.275	–0.179	–0.771	0.818	1.421	0.925	–0.100	0.879	0.591
–0.382	–0.778	0.662	–0.766	1.048	–0.169	1.338	–0.583	0.411	0.299
0.407	1.237	2.023	–0.526	–0.460	–1.002	–0.187	–1.146	–1.643	–0.090
–0.295	–0.004	–1.314	0.233	–0.984	1.420	–1.252	1.061	1.732	–0.335
0.518	–0.769	–0.915	0.514	0.307	1.088	–0.952	–0.855	0.591	–0.061
–0.192	–0.411	–0.308	2.072	0.279	–0.367	2.003	–1.444	0.822	0.502
–1.893	–0.602	–0.411	0.585	0.116	–0.571	–0.310	0.877	0.048	–2.133
0.015	0.052	–0.028	–0.936	1.223	0.949	–1.716	–0.490	–1.635	–0.271
–0.722	–0.071	0.724	0.520	0.549	0.766	–0.957	0.054	–0.275	–0.169
–2.115	0.702	1.257	–1.484	0.698	–0.327	0.698	2.572	–0.873	1.128
–1.636	–1.093	0.051	0.996	0.188	–0.287	0.283	0.303	0.158	2.073
0.188	–1.485	–0.493	–1.117	0.724	–0.318	–0.516	–0.378	–0.968	–1.457
1.442	–0.059	1.950	–0.874	–0.799	–1.550	–0.350	0.921	0.268	–0.428
–0.935	–1.158	–0.148	1.469	0.229	0.058	–0.592	0.221	0.272	–0.056
0.506	–0.004	–0.196	–0.434	–0.152	–1.207	0.436	–0.942	–1.613	–0.184

3 Fakultäten

Definition von „n-Fakultät“: $n! = 1 \cdot 2 \cdot 3 \cdot \ldots \cdot (n-1) \cdot n$,
$0! = 1$

Stirlingsche Näherungsformel (für große n): $n! \approx n^n e^{-n} \sqrt{2\pi n}$
($e = 2.71828 \ldots$ und
$\pi = 3.14159 \ldots$)

n	n!
1	1
2	2
3	6
4	24
5	120
6	720
7	5 040
8	40 320
9	362 880
10	3 628 800
11	39 916 800
12	479 001 600
13	6 227 020 800
14	87 178 291 200
15	1 307 674 368 000
16	20 922 789 888 000
17	355 687 428 096 000
18	6 402 373 705 728 000
19	121 645 100 408 832 000
20	2 432 902 008 176 640 000
21	51 090 942 171 709 440 000
22	1 124 000 727 777 607 680 000
23	25 852 016 738 884 976 640 000
24	620 448 401 733 239 439 360 000
25	15 511 210 043 330 985 984 000 000
26	403 291 461 126 605 635 584 000 000
27	10 888 869 450 418 352 160 768 000 000
28	304 888 344 611 713 860 501 504 000 000
29	8 841 761 993 739 701 954 543 616 000 000
30	265 252 859 812 191 058 636 308 480 000 000
31	8 222 838 654 177 922 817 725 562 880 000 000
32	263 130 836 933 693 530 167 218 012 160 000 000
33	8 683 317 618 811 886 495 518 194 401 280 000 000
34	295 232 799 039 604 140 847 618 609 643 520 000 000
35	10 333 147 966 386 144 929 666 651 337 523 200 000 000
36	371 993 326 789 901 217 467 999 448 150 835 200 000 000
37	13 763 753 091 226 345 046 315 979 581 580 902 400 000 000
38	523 022 617 466 601 111 760 007 224 100 074 291 200 000 000
39	20 397 882 081 197 443 358 640 281 739 902 897 356 800 000 000
40	815 915 283 247 897 734 345 611 269 596 115 894 272 000 000 000

4 Fakultäten – Dekadische Logarithmen

n	lg n!	n	lg n!	n	lg n!	n	lg n!
0	0.0	40	47.91165	80	118.85473	120	198.82539
1	0.0	41	49.52443	81	120.76321	121	200.90818
2	0.30103	42	51.14768	82	122.67703	122	202.99454
3	0.77815	43	52.78115	83	124.59610	123	205.08444
4	1.38021	44	54.42460	84	126.52038	124	207.17787
5	2.07918	45	56.07781	85	128.44980	125	209.27478
6	2.85733	46	57.74057	86	130.38430	126	211.37515
7	3.70243	47	59.41267	87	132.32382	127	213.47895
8	4.60552	48	61.09391	88	134.26830	128	215.58616
9	5.55976	49	62.78410	89	136.21769	129	217.69675
10	6.55976	50	64.48307	90	138.17194	130	219.81069
11	7.60116	51	66.19065	91	140.13098	131	221.92796
12	8.68034	52	67.90665	92	142.09477	132	224.04854
13	9.79428	53	69.63092	93	144.06325	133	226.17239
14	10.94041	54	71.36332	94	146.03638	134	228.29949
15	12.11650	55	73.10368	95	148.01410	135	230.42983
16	13.32062	56	74.85187	96	149.99637	136	232.56337
17	14.55107	57	76.60774	97	151.98314	137	234.70009
18	15.80634	58	78.37117	98	153.97437	138	236.83997
19	17.08509	59	80.14202	99	155.97000	139	238.98298
20	18.38612	60	81.92017	100	157.97000	140	241.12911
21	19.70834	61	83.70550	101	159.97433	141	243.27833
22	21.05077	62	85.49790	102	161.98293	142	245.43062
23	22.41249	63	87.29724	103	163.99576	143	247.58595
24	23.79271	64	89.10342	104	166.01280	144	249.74432
25	25.19065	65	90.91633	105	168.03399	145	251.90568
26	26.60562	66	92.73587	106	170.05929	146	254.07004
27	28.03698	67	94.56195	107	172.08867	147	256.23735
28	29.48414	68	96.39446	108	174.12210	148	258.40762
29	30.94654	69	98.23331	109	176.15952	149	260.58080
30	32.42366	70	100.07841	110	178.20092	150	262.75689
31	33.91502	71	101.92966	111	180.24624	151	264.93587
32	35.42017	72	103.78700	112	182.29546	152	267.11771
33	36.93869	73	105.65032	113	184.34854	153	269.30241
34	38.47016	74	107.51955	114	186.40544	154	271.48993
35	40.01423	75	109.39461	115	188.46614	155	273.68026
36	41.57054	76	111.27543	116	190.53060	156	275.87338
37	43.13874	77	113.16192	117	192.59878	157	278.06928
38	44.71852	78	115.05401	118	194.67067	158	280.26794
39	46.30959	79	116.95164	119	196.74621	159	282.46934

5 Binomialkoeffizienten

Es gilt (N und n nichtnegativ und ganzzahlig, $N \geq n$):

$$\binom{N}{n} = \binom{N}{N-n} = \frac{N(N-1)\cdot \ldots \cdot (N-n+1)}{n!} = \frac{N!}{n!\,(N-n)!}\,;$$

$$\binom{N}{0} = 1; \quad \binom{N}{N} = 1; \quad \binom{N}{1} = N; \quad \binom{N}{N-1} = N\,;$$

$$\binom{N+1}{n} = \binom{N}{n} + \binom{N}{n-1} = \binom{N}{n}\frac{N+1}{N-n+1} \quad \text{(Rekursionsformel)}\,;$$

$$\binom{N+1}{n+1} = \binom{N}{n} + \binom{N-1}{n} + \binom{N-2}{n} + \ldots + \binom{n}{n}\,;$$

$$\binom{N}{0} + \binom{N}{1} + \binom{N}{2} + \ldots + \binom{N}{N} = 2^N\,.$$

N \ n	0	1	2	3	4	5	6	7	8	9	10
0	1										
1	1	1									
2	1	2	1								
3	1	3	3	1							
4	1	4	6	4	1						
5	1	5	10	10	5	1					
6	1	6	15	20	15	6	1				
7	1	7	21	35	35	21	7	1			
8	1	8	28	56	70	56	28	8	1		
9	1	9	36	84	126	126	84	36	9	1	
10	1	10	45	120	210	252	210	120	45	10	1
11	1	11	55	165	330	462	462	330	165	55	11
12	1	12	66	220	495	792	924	792	495	220	66
13	1	13	78	286	715	1287	1716	1716	1287	715	286
14	1	14	91	364	1001	2002	3003	3432	3003	2002	1001
15	1	15	105	455	1365	3003	5005	6435	6435	5005	3003
16	1	16	120	560	1820	4368	8008	11440	12870	11440	8008
17	1	17	136	680	2380	6188	12376	19448	24310	24310	19448
18	1	18	153	816	3060	8568	18564	31824	43758	48620	43758
19	1	19	171	969	3876	11628	27132	50388	75582	92378	92378
20	1	20	190	1140	4845	15504	38760	77520	125970	167960	184756

6 Binomialverteilung – Wahrscheinlichkeitsfunktion

$$f_B(x/n;\theta)=\begin{cases}\binom{n}{x}\theta^x(1-\theta)^{n-x} & \text{für} \quad x = 0, 1, \ldots, n \quad (0<\theta<1)\\ 0 & \text{sonst}\end{cases}$$

Für $\theta > 0.5$ findet man den gesuchten Wert über die Beziehung

$$f_B(x/n;\theta) = f_B(n-x/n;1-\theta)$$

n	x	θ								
		0.01	0.05	0.10	0.15	0.20	0.25	0.30	0.40	0.50
1	0	0.9900	0.9500	0.9000	0.8500	0.8000	0.7500	0.7000	0.6000	0.5000
	1	0.0100	0.0500	0.1000	0.1500	0.2000	0.2500	0.3000	0.4000	0.5000
2	0	0.9801	0.9025	0.8100	0.7225	0.6400	0.5625	0.4900	0.3600	0.2500
	1	0.0198	0.0950	0.1800	0.2550	0.3200	0.3750	0.4200	0.4800	0.5000
	2	0.0001	0.0025	0.0100	0.0225	0.0400	0.0625	0.0900	0.1600	0.2500
3	0	0.9703	0.8574	0.7290	0.6141	0.5120	0.4219	0.3430	0.2160	0.1250
	1	0.0294	0.1354	0.2430	0.3251	0.3840	0.4219	0.4410	0.4320	0.3750
	2	0.0003	0.0071	0.0270	0.0574	0.0960	0.1406	0.1890	0.2880	0.3750
	3	0.0000	0.0001	0.0010	0.0034	0.0080	0.0156	0.0270	0.0640	0.1250
4	0	0.9606	0.8145	0.6561	0.5220	0.4096	0.3164	0.2401	0.1296	0.0625
	1	0.0388	0.1715	0.2916	0.3685	0.4096	0.4219	0.4116	0.3456	0.2500
	2	0.0006	0.0135	0.0486	0.0975	0.1536	0.2109	0.2646	0.3456	0.3750
	3	0.0000	0.0005	0.0036	0.0115	0.0256	0.0469	0.0756	0.1536	0.2500
	4	0.0000	0.0000	0.0001	0.0005	0.0016	0.0039	0.0081	0.0256	0.0625
5	0	0.9510	0.7738	0.5905	0.4437	0.3277	0.2373	0.1681	0.0778	0.0313
	1	0.0480	0.2036	0.3281	0.3915	0.4096	0.3955	0.3602	0.2592	0.1563
	2	0.0010	0.0214	0.0729	0.1382	0.2048	0.2637	0.3087	0.3456	0.3125
	3	0.0000	0.0011	0.0081	0.0244	0.0512	0.0879	0.1323	0.2304	0.3125
	4	0.0000	0.0000	0.0005	0.0022	0.0064	0.0146	0.0284	0.0768	0.1563
	5	0.0000	0.0000	0.0000	0.0001	0.0003	0.0010	0.0024	0.0102	0.0313
6	0	0.9415	0.7351	0.5314	0.3771	0.2621	0.1780	0.1176	0.0467	0.0156
	1	0.0571	0.2321	0.3543	0.3993	0.3932	0.3560	0.3025	0.1866	0.0938
	2	0.0014	0.0305	0.0984	0.1762	0.2458	0.2966	0.3241	0.3110	0.2344
	3	0.0000	0.0021	0.0146	0.0415	0.0819	0.1318	0.1852	0.2765	0.3125
	4	0.0000	0.0001	0.0012	0.0055	0.0154	0.0330	0.0595	0.1382	0.2344
	5	0.0000	0.0000	0.0001	0.0004	0.0015	0.0044	0.0102	0.0369	0.0938
	6	0.0000	0.0000	0.0000	0.0000	0.0001	0.0002	0.0007	0.0041	0.0156

6 Binomialverteilung – Wahrscheinlichkeitsfunktion

n	x	θ								
		0.01	0.05	0.10	0.15	0.20	0.25	0.30	0.40	0.50
7	0	0.9321	0.6983	0.4783	0.3206	0.2097	0.1335	0.0824	0.0280	0.0078
	1	0.0659	0.2573	0.3720	0.3960	0.3670	0.3115	0.2471	0.1306	0.0547
	2	0.0020	0.0406	0.1240	0.2097	0.2753	0.3115	0.3177	0.2613	0.1641
	3	0.0000	0.0036	0.0230	0.0617	0.1147	0.1730	0.2269	0.2903	0.2734
	4	0.0000	0.0002	0.0026	0.0109	0.0287	0.0577	0.0972	0.1935	0.2734
	5	0.0000	0.0000	0.0002	0.0012	0.0043	0.0115	0.0250	0.0774	0.1641
	6	0.0000	0.0000	0.0000	0.0001	0.0004	0.0013	0.0036	0.0172	0.0547
	7	0.0000	0.0000	0.0000	0.0000	0.0000	0.0001	0.0002	0.0016	0.0078
8	0	0.9227	0.6634	0.4305	0.2725	0.1678	0.1001	0.0576	0.0168	0.0039
	1	0.0746	0.2793	0.3826	0.3847	0.3355	0.2670	0.1977	0.0896	0.0312
	2	0.0026	0.0515	0.1488	0.2376	0.2936	0.3115	0.2965	0.2090	0.1094
	3	0.0001	0.0054	0.0331	0.0839	0.1468	0.2076	0.2541	0.2787	0.2187
	4	0.0000	0.0004	0.0046	0.0185	0.0459	0.0865	0.1361	0.2322	0.2734
	5	0.0000	0.0000	0.0004	0.0026	0.0092	0.0231	0.0467	0.1239	0.2187
	6	0.0000	0.0000	0.0000	0.0002	0.0011	0.0038	0.0100	0.0413	0.1094
	7	0.0000	0.0000	0.0000	0.0000	0.0001	0.0004	0.0012	0.0079	0.0312
	8	0.0000	0.0000	0.0000	0.0000	0.0000	0.0000	0.0001	0.0007	0.0039
9	0	0.9135	0.6302	0.3874	0.2316	0.1342	0.0751	0.0404	0.0101	0.0020
	1	0.0830	0.2985	0.3874	0.3679	0.3020	0.2253	0.1556	0.0605	0.0176
	2	0.0034	0.0629	0.1722	0.2597	0.3020	0.3003	0.2668	0.1612	0.0703
	3	0.0001	0.0077	0.0446	0.1069	0.1762	0.2336	0.2668	0.2508	0.1641
	4	0.0000	0.0006	0.0074	0.0283	0.0661	0.1168	0.1715	0.2508	0.2461
	5	0.0000	0.0000	0.0008	0.0050	0.0165	0.0389	0.0735	0.1672	0.2461
	6	0.0000	0.0000	0.0001	0.0006	0.0028	0.0087	0.0210	0.0743	0.1641
	7	0.0000	0.0000	0.0000	0.0000	0.0003	0.0012	0.0039	0.0212	0.0703
	8	0.0000	0.0000	0.0000	0.0000	0.0000	0.0001	0.0004	0.0035	0.0176
	9	0.0000	0.0000	0.0000	0.0000	0.0000	0.0000	0.0000	0.0003	0.0020
10	0	0.9044	0.5987	0.3487	0.1969	0.1074	0.0563	0.0282	0.0060	0.0010
	1	0.0914	0.3151	0.3874	0.3474	0.2684	0.1877	0.1211	0.0403	0.0098
	2	0.0042	0.0746	0.1937	0.2759	0.3020	0.2816	0.2335	0.1209	0.0439
	3	0.0001	0.0105	0.0574	0.1298	0.2013	0.2503	0.2668	0.2150	0.1172
	4	0.0000	0.0010	0.0112	0.0401	0.0881	0.1460	0.2001	0.2508	0.2051
	5	0.0000	0.0001	0.0015	0.0085	0.0264	0.0584	0.1029	0.2007	0.2461
	6	0.0000	0.0000	0.0001	0.0012	0.0055	0.0162	0.0368	0.1115	0.2051
	7	0.0000	0.0000	0.0000	0.0001	0.0008	0.0031	0.0090	0.0425	0.1172
	8	0.0000	0.0000	0.0000	0.0000	0.0001	0.0004	0.0014	0.0106	0.0439
	9	0.0000	0.0000	0.0000	0.0000	0.0000	0.0000	0.0001	0.0016	0.0098
	10	0.0000	0.0000	0.0000	0.0000	0.0000	0.0000	0.0000	0.0001	0.0010
11	0	0.8953	0.5688	0.3138	0.1673	0.0859	0.0422	0.0198	0.0036	0.0005
	1	0.0995	0.3293	0.3835	0.3248	0.2362	0.1549	0.0932	0.0266	0.0054
	2	0.0050	0.0867	0.2131	0.2866	0.2953	0.2581	0.1998	0.0887	0.0269
	3	0.0002	0.0137	0.0710	0.1517	0.2215	0.2581	0.2568	0.1774	0.0806
	4	0.0000	0.0014	0.0158	0.0536	0.1107	0.1721	0.2201	0.2365	0.1611
	5	0.0000	0.0001	0.0025	0.0132	0.0388	0.0803	0.1321	0.2207	0.2256
	6	0.0000	0.0000	0.0003	0.0023	0.0097	0.0268	0.0566	0.1471	0.2256
	7	0.0000	0.0000	0.0000	0.0003	0.0017	0.0064	0.0173	0.0701	0.1611
	8	0.0000	0.0000	0.0000	0.0000	0.0002	0.0011	0.0037	0.0234	0.0806
	9	0.0000	0.0000	0.0000	0.0000	0.0000	0.0001	0.0005	0.0052	0.0269
	10	0.0000	0.0000	0.0000	0.0000	0.0000	0.0000	0.0000	0.0007	0.0054
	11	0.0000	0.0000	0.0000	0.0000	0.0000	0.0000	0.0000	0.0000	0.0005

6 Binomialverteilung – Wahrscheinlichkeitsfunktion

n	x	θ								
		0.01	0.05	0.10	0.15	0.20	0.25	0.30	0.40	0.50
12	0	0.8864	0.5404	0.2824	0.1422	0.0687	0.0317	0.0138	0.0022	0.0002
	1	0.1074	0.3413	0.3766	0.3012	0.2062	0.1267	0.0712	0.0174	0.0029
	2	0.0060	0.0988	0.2301	0.2924	0.2835	0.2323	0.1678	0.0639	0.0161
	3	0.0002	0.0173	0.0852	0.1720	0.2362	0.2581	0.2397	0.1419	0.0537
	4	0.0000	0.0021	0.0213	0.0683	0.1329	0.1936	0.2311	0.2128	0.1208
	5	0.0000	0.0002	0.0038	0.0193	0.0532	0.1032	0.1585	0.2270	0.1934
	6	0.0000	0.0000	0.0005	0.0040	0.0155	0.0401	0.0792	0.1766	0.2256
	7	0.0000	0.0000	0.0000	0.0006	0.0033	0.0115	0.0291	0.1009	0.1934
	8	0.0000	0.0000	0.0000	0.0001	0.0005	0.0024	0.0078	0.0420	0.1208
	9	0.0000	0.0000	0.0000	0.0000	0.0001	0.0004	0.0015	0.0125	0.0537
	10	0.0000	0.0000	0.0000	0.0000	0.0000	0.0000	0.0002	0.0025	0.0161
	11	0.0000	0.0000	0.0000	0.0000	0.0000	0.0000	0.0000	0.0003	0.0029
	12	0.0000	0.0000	0.0000	0.0000	0.0000	0.0000	0.0000	0.0000	0.0002
13	0	0.8775	0.5133	0.2542	0.1209	0.0550	0.0238	0.0097	0.0013	0.0001
	1	0.1152	0.3512	0.3672	0.2774	0.1787	0.1029	0.0540	0.0113	0.0016
	2	0.0070	0.1109	0.2448	0.2937	0.2680	0.2059	0.1388	0.0453	0.0095
	3	0.0003	0.0214	0.0997	0.1900	0.2457	0.2517	0.2181	0.1107	0.0349
	4	0.0000	0.0028	0.0277	0.0838	0.1535	0.2097	0.2337	0.1845	0.0873
	5	0.0000	0.0003	0.0055	0.0266	0.0691	0.1258	0.1803	0.2214	0.1571
	6	0.0000	0.0000	0.0008	0.0063	0.0230	0.0559	0.1030	0.1968	0.2095
	7	0.0000	0.0000	0.0001	0.0011	0.0058	0.0186	0.0442	0.1312	0.2095
	8	0.0000	0.0000	0.0000	0.0001	0.0011	0.0047	0.0142	0.0656	0.1571
	9	0.0000	0.0000	0.0000	0.0000	0.0001	0.0009	0.0034	0.0243	0.0873
	10	0.0000	0.0000	0.0000	0.0000	0.0000	0.0001	0.0006	0.0065	0.0349
	11	0.0000	0.0000	0.0000	0.0000	0.0000	0.0000	0.0001	0.0012	0.0095
	12	0.0000	0.0000	0.0000	0.0000	0.0000	0.0000	0.0000	0.0001	0.0016
	13	0.0000	0.0000	0.0000	0.0000	0.0000	0.0000	0.0000	0.0000	0.0001
14	0	0.8687	0.4877	0.2288	0.1028	0.0440	0.0178	0.0068	0.0008	0.0000
	1	0.1229	0.3593	0.3559	0.2539	0.1539	0.0832	0.0407	0.0073	0.0009
	2	0.0081	0.1229	0.2570	0.2912	0.2501	0.1802	0.1134	0.0317	0.0056
	3	0.0003	0.0259	0.1142	0.2056	0.2501	0.2402	0.1943	0.0845	0.0222
	4	0.0000	0.0037	0.0349	0.0998	0.1720	0.2202	0.2290	0.1549	0.0611
	5	0.0000	0.0004	0.0078	0.0352	0.0860	0.1468	0.1963	0.2066	0.1222
	6	0.0000	0.0000	0.0013	0.0093	0.0322	0.0734	0.1262	0.2066	0.1833
	7	0.0000	0.0000	0.0002	0.0019	0.0092	0.0280	0.0618	0.1574	0.2095
	8	0.0000	0.0000	0.0000	0.0003	0.0020	0.0082	0.0232	0.0918	0.1833
	9	0.0000	0.0000	0.0000	0.0000	0.0003	0.0018	0.0066	0.0408	0.1222
	10	0.0000	0.0000	0.0000	0.0000	0.0000	0.0003	0.0014	0.0136	0.0611
	11	0.0000	0.0000	0.0000	0.0000	0.0000	0.0000	0.0002	0.0033	0.0222
	12	0.0000	0.0000	0.0000	0.0000	0.0000	0.0000	0.0000	0.0005	0.0056
	13	0.0000	0.0000	0.0000	0.0000	0.0000	0.0000	0.0000	0.0001	0.0009
	14	0.0000	0.0000	0.0000	0.0000	0.0000	0.0000	0.0000	0.0000	0.0001
15	0	0.8601	0.4633	0.2059	0.0874	0.0352	0.0134	0.0047	0.0005	0.0000
	1	0.1303	0.3658	0.3432	0.2312	0.1319	0.0668	0.0305	0.0047	0.0005
	2	0.0092	0.1348	0.2669	0.2856	0.2309	0.1559	0.0916	0.0219	0.0032
	3	0.0004	0.0307	0.1285	0.2184	0.2501	0.2252	0.1700	0.0634	0.0139
	4	0.0000	0.0049	0.0428	0.1156	0.1876	0.2252	0.2186	0.1268	0.0417

6 Binomialverteilung – Wahrscheinlichkeitsfunktion

n	x	θ								
		0.01	0.05	0.10	0.15	0.20	0.25	0.30	0.40	0.50
15	5	0.0000	0.0006	0.0105	0.0449	0.1032	0.1651	0.2061	0.1859	0.0916
	6	0.0000	0.0000	0.0019	0.0132	0.0430	0.0917	0.1472	0.2066	0.1527
	7	0.0000	0.0000	0.0003	0.0030	0.0138	0.0393	0.0811	0.1771	0.1964
	8	0.0000	0.0000	0.0000	0.0005	0.0035	0.0131	0.0348	0.1181	0.1964
	9	0.0000	0.0000	0.0000	0.0001	0.0007	0.0034	0.0116	0.0612	0.1527
	10	0.0000	0.0000	0.0000	0.0000	0.0001	0.0007	0.0030	0.0245	0.0916
	11	0.0000	0.0000	0.0000	0.0000	0.0000	0.0001	0.0006	0.0074	0.0417
	12	0.0000	0.0000	0.0000	0.0000	0.0000	0.0000	0.0001	0.0016	0.0139
	13	0.0000	0.0000	0.0000	0.0000	0.0000	0.0000	0.0000	0.0003	0.0032
	14	0.0000	0.0000	0.0000	0.0000	0.0000	0.0000	0.0000	0.0000	0.0005
	15	0.0000	0.0000	0.0000	0.0000	0.0000	0.0000	0.0000	0.0000	0.0000
20	0	0.8179	0.3585	0.1216	0.0388	0.0115	0.0032	0.0008	0.0000	0.0000
	1	0.1652	0.3774	0.2702	0.1368	0.0576	0.0211	0.0068	0.0005	0.0000
	2	0.0159	0.1887	0.2852	0.2293	0.1369	0.0669	0.0278	0.0031	0.0002
	3	0.0010	0.0596	0.1901	0.2428	0.2054	0.1339	0.0716	0.0123	0.0011
	4	0.0000	0.0133	0.0898	0.1821	0.2182	0.1897	0.1304	0.0350	0.0046
	5	0.0000	0.0022	0.0319	0.1028	0.1746	0.2023	0.1789	0.0746	0.0148
	6	0.0000	0.0003	0.0089	0.0454	0.1091	0.1686	0.1916	0.1244	0.0370
	7	0.0000	0.0000	0.0020	0.0160	0.0545	0.1124	0.1643	0.1659	0.0739
	8	0.0000	0.0000	0.0004	0.0046	0.0222	0.0609	0.1144	0.1797	0.1201
	9	0.0000	0.0000	0.0001	0.0011	0.0074	0.0271	0.0654	0.1597	0.1602
	10	0.0000	0.0000	0.0000	0.0002	0.0020	0.0099	0.0308	0.1171	0.1762
	11	0.0000	0.0000	0.0000	0.0000	0.0005	0.0030	0.0120	0.0710	0.1602
	12	0.0000	0.0000	0.0000	0.0000	0.0001	0.0008	0.0039	0.0355	0.1201
	13	0.0000	0.0000	0.0000	0.0000	0.0000	0.0002	0.0010	0.0146	0.0739
	14	0.0000	0.0000	0.0000	0.0000	0.0000	0.0000	0.0002	0.0049	0.0370
	15	0.0000	0.0000	0.0000	0.0000	0.0000	0.0000	0.0000	0.0013	0.0148
	16	0.0000	0.0000	0.0000	0.0000	0.0000	0.0000	0.0000	0.0003	0.0046
	17	0.0000	0.0000	0.0000	0.0000	0.0000	0.0000	0.0000	0.0000	0.0011
	18	0.0000	0.0000	0.0000	0.0000	0.0000	0.0000	0.0000	0.0000	0.0002
	19	0.0000	0.0000	0.0000	0.0000	0.0000	0.0000	0.0000	0.0000	0.0000
	20	0.0000	0.0000	0.0000	0.0000	0.0000	0.0000	0.0000	0.0000	0.0000
30	0	0.7397	0.2146	0.0424	0.0076	0.0012	0.0002	0.0000	0.0000	0.0000
	1	0.2242	0.3389	0.1413	0.0404	0.0093	0.0018	0.0003	0.0000	0.0000
	2	0.0328	0.2586	0.2277	0.1034	0.0337	0.0086	0.0018	0.0000	0.0000
	3	0.0031	0.1270	0.2361	0.1703	0.0785	0.0269	0.0072	0.0003	0.0000
	4	0.0002	0.0451	0.1771	0.2028	0.1325	0.0604	0.0208	0.0012	0.0000
	5	0.0000	0.0124	0.1023	0.1861	0.1723	0.1047	0.0464	0.0041	0.0001
	6	0.0000	0.0027	0.0474	0.1368	0.1795	0.1455	0.0829	0.0115	0.0006
	7	0.0000	0.0005	0.0180	0.0828	0.1538	0.1662	0.1219	0.0263	0.0019
	8	0.0000	0.0001	0.0058	0.0420	0.1106	0.1593	0.1501	0.0505	0.0055
	9	0.0000	0.0000	0.0016	0.0181	0.0676	0.1298	0.1573	0.0823	0.0133
	10	0.0000	0.0000	0.0004	0.0067	0.0355	0.0909	0.1416	0.1152	0.0280
	11	0.0000	0.0000	0.0001	0.0022	0.0161	0.0551	0.1103	0.1396	0.0509
	12	0.0000	0.0000	0.0000	0.0006	0.0064	0.0291	0.0749	0.1474	0.0806
	13	0.0000	0.0000	0.0000	0.0001	0.0022	0.0134	0.0444	0.1360	0.1115
	14	0.0000	0.0000	0.0000	0.0000	0.0007	0.0054	0.0231	0.1101	0.1354

6 Binomialverteilung – Wahrscheinlichkeitsfunktion

n	x	θ								
		0.01	0.05	0.10	0.15	0.20	0.25	0.30	0.40	0.50
30	15	0.0000	0.0000	0.0000	0.0000	0.0002	0.0019	0.0106	0.0783	0.1445
	16	0.0000	0.0000	0.0000	0.0000	0.0000	0.0006	0.0042	0.0489	0.1354
	17	0.0000	0.0000	0.0000	0.0000	0.0000	0.0002	0.0015	0.0269	0.1115
	18	0.0000	0.0000	0.0000	0.0000	0.0000	0.0000	0.0005	0.0129	0.0806
	19	0.0000	0.0000	0.0000	0.0000	0.0000	0.0000	0.0001	0.0054	0.0509
	20	0.0000	0.0000	0.0000	0.0000	0.0000	0.0000	0.0000	0.0020	0.0280
	21	0.0000	0.0000	0.0000	0.0000	0.0000	0.0000	0.0000	0.0006	0.0133
	22	0.0000	0.0000	0.0000	0.0000	0.0000	0.0000	0.0000	0.0002	0.0055
	23	0.0000	0.0000	0.0000	0.0000	0.0000	0.0000	0.0000	0.0000	0.0019
	24	0.0000	0.0000	0.0000	0.0000	0.0000	0.0000	0.0000	0.0000	0.0006
	25	0.0000	0.0000	0.0000	0.0000	0.0000	0.0000	0.0000	0.0000	0.0001
	26	0.0000	0.0000	0.0000	0.0000	0.0000	0.0000	0.0000	0.0000	0.0000
50	0	0.6050	0.0769	0.0052	0.0003	0.0000	0.0000	0.0000	0.0000	0.0000
	1	0.3056	0.2025	0.0286	0.0026	0.0002	0.0000	0.0000	0.0000	0.0000
	2	0.0756	0.2611	0.0779	0.0113	0.0011	0.0001	0.0000	0.0000	0.0000
	3	0.0122	0.2199	0.1386	0.0319	0.0044	0.0004	0.0000	0.0000	0.0000
	4	0.0015	0.1360	0.1809	0.0661	0.0128	0.0016	0.0001	0.0000	0.0000
	5	0.0001	0.0658	0.1849	0.1072	0.0295	0.0049	0.0006	0.0000	0.0000
	6	0.0000	0.0260	0.1541	0.1419	0.0554	0.0123	0.0018	0.0000	0.0000
	7	0.0000	0.0086	0.1076	0.1575	0.0870	0.0259	0.0048	0.0000	0.0000
	8	0.0000	0.0024	0.0643	0.1493	0.1169	0.0463	0.0110	0.0002	0.0000
	9	0.0000	0.0006	0.0333	0.1230	0.1364	0.0721	0.0220	0.0005	0.0000
	10	0.0000	0.0001	0.0152	0.0890	0.1398	0.0985	0.0386	0.0014	0.0000
	11	0.0000	0.0000	0.0061	0.0571	0.1271	0.1194	0.0602	0.0035	0.0000
	12	0.0000	0.0000	0.0022	0.0328	0.1033	0.1294	0.0838	0.0076	0.0001
	13	0.0000	0.0000	0.0007	0.0169	0.0755	0.1261	0.1050	0.0147	0.0003
	14	0.0000	0.0000	0.0002	0.0079	0.0499	0.1110	0.1189	0.0260	0.0008
	15	0.0000	0.0000	0.0001	0.0033	0.0299	0.0888	0.1223	0.0415	0.0020
	16	0.0000	0.0000	0.0000	0.0013	0.0164	0.0648	0.1147	0.0606	0.0044
	17	0.0000	0.0000	0.0000	0.0005	0.0082	0.0432	0.0983	0.0808	0.0087
	18	0.0000	0.0000	0.0000	0.0001	0.0037	0.0264	0.0772	0.0987	0.0160
	19	0.0000	0.0000	0.0000	0.0000	0.0016	0.0148	0.0558	0.1109	0.0270
	20	0.0000	0.0000	0.0000	0.0000	0.0006	0.0077	0.0370	0.1146	0.0419
	21	0.0000	0.0000	0.0000	0.0000	0.0002	0.0036	0.0227	0.1091	0.0598
	22	0.0000	0.0000	0.0000	0.0000	0.0001	0.0016	0.0128	0.0959	0.0788
	23	0.0000	0.0000	0.0000	0.0000	0.0000	0.0006	0.0067	0.0778	0.0960
	24	0.0000	0.0000	0.0000	0.0000	0.0000	0.0002	0.0032	0.0584	0.1080
	25	0.0000	0.0000	0.0000	0.0000	0.0000	0.0001	0.0014	0.0405	0.1123
	26	0.0000	0.0000	0.0000	0.0000	0.0000	0.0000	0.0006	0.0259	0.1080
	27	0.0000	0.0000	0.0000	0.0000	0.0000	0.0000	0.0002	0.0154	0.0960
	28	0.0000	0.0000	0.0000	0.0000	0.0000	0.0000	0.0001	0.0084	0.0788
	29	0.0000	0.0000	0.0000	0.0000	0.0000	0.0000	0.0000	0.0043	0.0598
	30	0.0000	0.0000	0.0000	0.0000	0.0000	0.0000	0.0000	0.0020	0.0419
	31	0.0000	0.0000	0.0000	0.0000	0.0000	0.0000	0.0000	0.0009	0.0270
	32	0.0000	0.0000	0.0000	0.0000	0.0000	0.0000	0.0000	0.0003	0.0160
	33	0.0000	0.0000	0.0000	0.0000	0.0000	0.0000	0.0000	0.0001	0.0087
	34	0.0000	0.0000	0.0000	0.0000	0.0000	0.0000	0.0000	0.0000	0.0044
	35	0.0000	0.0000	0.0000	0.0000	0.0000	0.0000	0.0000	0.0000	0.0020
	36	0.0000	0.0000	0.0000	0.0000	0.0000	0.0000	0.0000	0.0000	0.0008
	37	0.0000	0.0000	0.0000	0.0000	0.0000	0.0000	0.0000	0.0000	0.0003
	38	0.0000	0.0000	0.0000	0.0000	0.0000	0.0000	0.0000	0.0000	0.0001
	39	0.0000	0.0000	0.0000	0.0000	0.0000	0.0000	0.0000	0.0000	0.0000

7 Binomialverteilung – Verteilungsfunktion

$$F_B\,(x\,/\,n;\,\theta) = \sum_{v=0}^{x} \binom{n}{v} \theta^{v}\,(1-\theta)^{n-v} \qquad (0 < \theta < 1)$$

Für $\theta > 0.5$ findet man den gesuchten Wert über die Beziehung

$$F_B(x/n;\,\theta) = 1 - F_B(n - x - 1/n;\,1 - \theta)$$

n	x	θ								
		0.01	0.05	0.10	0.15	0.20	0.25	0.30	0.40	0.50
1	0	0.9900	0.9500	0.9000	0.8500	0.8000	0.7500	0.7000	0.6000	0.5000
	1	1.0000	1.0000	1.0000	1.0000	1.0000	1.0000	1.0000	1.0000	1.0000
2	0	0.9801	0.9025	0.8100	0.7225	0.6400	0.5625	0.4900	0.3600	0.2500
	1	0.9999	0.9975	0.9900	0.9775	0.9600	0.9375	0.9100	0.8400	0.7500
	2	1.0000	1.0000	1.0000	1.0000	1.0000	1.0000	1.0000	1.0000	1.0000
3	0	0.9703	0.8574	0.7290	0.6141	0.5120	0.4219	0.3430	0.2160	0.1250
	1	0.9997	0.9928	0.9720	0.9393	0.8960	0.8438	0.7840	0.6480	0.5000
	2	1.0000	0.9999	0.9990	0.9966	0.9920	0.9844	0.9730	0.9360	0.8750
	3	1.0000	1.0000	1.0000	1.0000	1.0000	1.0000	1.0000	1.0000	1.0000
4	0	0.9606	0.8145	0.6561	0.5220	0.4096	0.3164	0.2401	0.1296	0.0625
	1	0.9994	0.9860	0.9477	0.8905	0.8192	0.7383	0.6517	0.4752	0.3125
	2	1.0000	0.9995	0.9963	0.9880	0.9728	0.9492	0.9163	0.8208	0.6875
	3	1.0000	1.0000	0.9999	0.9995	0.9984	0.9961	0.9919	0.9744	0.9375
	4	1.0000	1.0000	1.0000	1.0000	1.0000	1.0000	1.0000	1.0000	1.0000
5	0	0.9510	0.7738	0.5905	0.4437	0.3277	0.2373	0.1681	0.0778	0.0313
	1	0.9990	0.9774	0.9185	0.8352	0.7373	0.6328	0.5282	0.3370	0.1875
	2	1.0000	0.9988	0.9914	0.9734	0.9421	0.8965	0.8369	0.6826	0.5000
	3	1.0000	1.0000	0.9995	0.9978	0.9933	0.9844	0.9692	0.9130	0.8125
	4	1.0000	1.0000	1.0000	0.9999	0.9997	0.9990	0.9976	0.9898	0.9688
	5	1.0000	1.0000	1.0000	1.0000	1.0000	1.0000	1.0000	1.0000	1.0000
6	0	0.9415	0.7351	0.5314	0.3771	0.2621	0.1780	0.1176	0.0467	0.0156
	1	0.9985	0.9672	0.8857	0.7765	0.6554	0.5339	0.4202	0.2333	0.1094
	2	1.0000	0.9978	0.9842	0.9527	0.9011	0.8306	0.7443	0.5443	0.3438
	3	1.0000	0.9999	0.9987	0.9941	0.9830	0.9624	0.9295	0.8208	0.6563
	4	1.0000	1.0000	0.9999	0.9996	0.9984	0.9954	0.9891	0.9590	0.8906
	5	1.0000	1.0000	1.0000	1.0000	0.9999	0.9998	0.9993	0.9959	0.9844
	6	1.0000	1.0000	1.0000	1.0000	1.0000	1.0000	1.0000	1.0000	1.0000
7	0	0.9321	0.6983	0.4783	0.3206	0.2097	0.1335	0.0824	0.0280	0.0078
	1	0.9980	0.9556	0.8503	0.7166	0.5767	0.4449	0.3294	0.1586	0.0625
	2	1.0000	0.9962	0.9743	0.9262	0.8520	0.7564	0.6471	0.4199	0.2266
	3	1.0000	0.9998	0.9973	0.9879	0.9667	0.9294	0.8740	0.7102	0.5000
	4	1.0000	1.0000	0.9998	0.9988	0.9953	0.9871	0.9712	0.9037	0.7734
	5	1.0000	1.0000	1.0000	0.9999	0.9996	0.9987	0.9962	0.9812	0.9375
	6	1.0000	1.0000	1.0000	1.0000	1.0000	0.9999	0.9998	0.9984	0.9922
	7	1.0000	1.0000	1.0000	1.0000	1.0000	1.0000	1.0000	1.0000	1.0000

n	x	θ								
		0.01	0.05	0.10	0.15	0.20	0.25	0.30	0.40	0.50
8	0	0.9227	0.6634	0.4305	0.2725	0.1678	0.1001	0.0576	0.0168	0.0039
	1	0.9973	0.9428	0.8131	0.6572	0.5033	0.3671	0.2553	0.1064	0.0352
	2	0.9999	0.9942	0.9619	0.8948	0.7969	0.6785	0.5518	0.3154	0.1445
	3	1.0000	0.9996	0.9950	0.9786	0.9437	0.8862	0.8059	0.5941	0.3633
	4	1.0000	1.0000	0.9996	0.9971	0.9896	0.9727	0.9420	0.8263	0.6367
	5	1.0000	1.0000	1.0000	0.9998	0.9988	0.9958	0.9887	0.9502	0.8555
	6	1.0000	1.0000	1.0000	1.0000	0.9999	0.9996	0.9987	0.9915	0.9648
	7	1.0000	1.0000	1.0000	1.0000	1.0000	1.0000	0.9999	0.9993	0.9961
	8	1.0000	1.0000	1.0000	1.0000	1.0000	1.0000	1.0000	1.0000	1.0000
9	0	0.9135	0.6302	0.3874	0.2316	0.1342	0.0751	0.0404	0.0101	0.0020
	1	0.9966	0.9288	0.7748	0.5995	0.4362	0.3003	0.1960	0.0705	0.0195
	2	0.9999	0.9916	0.9470	0.8591	0.7382	0.6007	0.4628	0.2318	0.0898
	3	1.0000	0.9994	0.9917	0.9661	0.9144	0.8343	0.7297	0.4826	0.2539
	4	1.0000	1.0000	0.9991	0.9944	0.9804	0.9511	0.9012	0.7334	0.5000
	5	1.0000	1.0000	0.9999	0.9994	0.9969	0.9900	0.9747	0.9006	0.7461
	6	1.0000	1.0000	1.0000	1.0000	0.9997	0.9987	0.9957	0.9750	0.9102
	7	1.0000	1.0000	1.0000	1.0000	1.0000	0.9999	0.9996	0.9962	0.9805
	8	1.0000	1.0000	1.0000	1.0000	1.0000	1.0000	1.0000	0.9997	0.9980
	9	1.0000	1.0000	1.0000	1.0000	1.0000	1.0000	1.0000	1.0000	1.0000
10	0	0.9044	0.5987	0.3487	0.1969	0.1074	0.0563	0.0282	0.0060	0.0010
	1	0.9957	0.9139	0.7361	0.5443	0.3758	0.2440	0.1493	0.0464	0.0107
	2	0.9999	0.9885	0.9298	0.8202	0.6778	0.5256	0.3828	0.1673	0.0547
	3	1.0000	0.9990	0.9872	0.9500	0.8791	0.7759	0.6496	0.3823	0.1719
	4	1.0000	0.9999	0.9984	0.9901	0.9672	0.9219	0.8497	0.6331	0.3770
	5	1.0000	1.0000	0.9999	0.9986	0.9936	0.9803	0.9527	0.8338	0.6230
	6	1.0000	1.0000	1.0000	0.9999	0.9991	0.9965	0.9894	0.9452	0.8281
	7	1.0000	1.0000	1.0000	1.0000	0.9999	0.9996	0.9984	0.9877	0.9453
	8	1.0000	1.0000	1.0000	1.0000	1.0000	1.0000	0.9999	0.9983	0.9893
	9	1.0000	1.0000	1.0000	1.0000	1.0000	1.0000	1.0000	0.9999	0.9990
	10	1.0000	1.0000	1.0000	1.0000	1.0000	1.0000	1.0000	1.0000	1.0000
11	0	0.8953	0.5688	0.3138	0.1673	0.0859	0.0422	0.0198	0.0036	0.0005
	1	0.9948	0.8981	0.6974	0.4922	0.3221	0.1971	0.1130	0.0302	0.0059
	2	0.9998	0.9848	0.9104	0.7788	0.6174	0.4552	0.3127	0.1189	0.0327
	3	1.0000	0.9984	0.9815	0.9306	0.8389	0.7133	0.5696	0.2963	0.1133
	4	1.0000	0.9999	0.9972	0.9841	0.9496	0.8854	0.7897	0.5328	0.2744
	5	1.0000	1.0000	0.9997	0.9973	0.9883	0.9657	0.9218	0.7535	0.5000
	6	1.0000	1.0000	1.0000	0.9997	0.9980	0.9924	0.9784	0.9006	0.7256
	7	1.0000	1.0000	1.0000	1.0000	0.9998	0.9988	0.9957	0.9707	0.8867
	8	1.0000	1.0000	1.0000	1.0000	1.0000	0.9999	0.9994	0.9941	0.9673
	9	1.0000	1.0000	1.0000	1.0000	1.0000	1.0000	1.0000	0.9993	0.9941
	10	1.0000	1.0000	1.0000	1.0000	1.0000	1.0000	1.0000	1.0000	0.9995
	11	1.0000	1.0000	1.0000	1.0000	1.0000	1.0000	1.0000	1.0000	1.0000
12	0	0.8864	0.5404	0.2824	0.1422	0.0687	0.0317	0.0138	0.0022	0.0002
	1	0.9938	0.8816	0.6590	0.4435	0.2749	0.1584	0.0850	0.0196	0.0032
	2	0.9998	0.9804	0.8891	0.7358	0.5583	0.3907	0.2528	0.0834	0.0193
	3	1.0000	0.9978	0.9744	0.9078	0.7946	0.6488	0.4925	0.2253	0.0730
	4	1.0000	0.9998	0.9957	0.9761	0.9274	0.8424	0.7237	0.4382	0.1938

7 Binomialverteilung – Verteilungsfunktion

n	x	θ								
		0.01	0.05	0.10	0.15	0.20	0.25	0.30	0.40	0.50
12	5	1.0000	1.0000	0.9995	0.9954	0.9806	0.9456	0.8822	0.6652	0.3872
	6	1.0000	1.0000	0.9999	0.9993	0.9961	0.9857	0.9614	0.8418	0.6128
	7	1.0000	1.0000	1.0000	0.9999	0.9994	0.9972	0.9905	0.9427	0.8062
	8	1.0000	1.0000	1.0000	1.0000	0.9999	0.9996	0.9983	0.9847	0.9270
	9	1.0000	1.0000	1.0000	1.0000	1.0000	1.0000	0.9998	0.9972	0.9807
	10	1.0000	1.0000	1.0000	1.0000	1.0000	1.0000	1.0000	0.9997	0.9968
	11	1.0000	1.0000	1.0000	1.0000	1.0000	1.0000	1.0000	1.0000	0.9998
	12	1.0000	1.0000	1.0000	1.0000	1.0000	1.0000	1.0000	1.0000	1.0000
13	0	0.8775	0.5133	0.2542	0.1209	0.0550	0.0238	0.0097	0.0013	0.0001
	1	0.9928	0.8646	0.6213	0.3983	0.2336	0.1267	0.0637	0.0126	0.0017
	2	0.9997	0.9755	0.8661	0.6920	0.5017	0.3326	0.2025	0.0579	0.0112
	3	1.0000	0.9969	0.9658	0.8820	0.7473	0.5843	0.4206	0.1686	0.0461
	4	1.0000	0.9997	0.9935	0.9658	0.9009	0.7940	0.6543	0.3530	0.1334
	5	1.0000	1.0000	0.9991	0.9925	0.9700	0.9198	0.8346	0.5744	0.2905
	6	1.0000	1.0000	0.9999	0.9987	0.9930	0.9757	0.9376	0.7712	0.5000
	7	1.0000	1.0000	1.0000	0.9998	0.9988	0.9944	0.9818	0.9023	0.7095
	8	1.0000	1.0000	1.0000	1.0000	0.9998	0.9990	0.9960	0.9679	0.8666
	9	1.0000	1.0000	1.0000	1.0000	1.0000	0.9999	0.9993	0.9922	0.9539
	10	1.0000	1.0000	1.0000	1.0000	1.0000	1.0000	0.9999	0.9987	0.9888
	11	1.0000	1.0000	1.0000	1.0000	1.0000	1.0000	1.0000	0.9999	0.9983
	12	1.0000	1.0000	1.0000	1.0000	1.0000	1.0000	1.0000	1.0000	0.9999
	13	1.0000	1.0000	1.0000	1.0000	1.0000	1.0000	1.0000	1.0000	1.0000
14	0	0.8687	0.4877	0.2288	0.1028	0.0440	0.0178	0.0068	0.0008	0.0000
	1	0.9916	0.8470	0.5846	0.3567	0.1979	0.1010	0.0475	0.0081	0.0009
	2	0.9997	0.9699	0.8416	0.6479	0.4481	0.2811	0.1608	0.0398	0.0065
	3	1.0000	0.9958	0.9559	0.8535	0.6982	0.5213	0.3552	0.1243	0.0287
	4	1.0000	0.9996	0.9908	0.9533	0.8702	0.7415	0.5842	0.2793	0.0898
	5	1.0000	1.0000	0.9985	0.9885	0.9561	0.8883	0.7805	0.4859	0.2120
	6	1.0000	1.0000	0.9998	0.9978	0.9884	0.9617	0.9067	0.6925	0.3953
	7	1.0000	1.0000	1.0000	0.9997	0.9976	0.9897	0.9685	0.8499	0.6047
	8	1.0000	1.0000	1.0000	1.0000	0.9996	0.9978	0.9917	0.9417	0.7880
	9	1.0000	1.0000	1.0000	1.0000	1.0000	0.9997	0.9983	0.9825	0.9102
	10	1.0000	1.0000	1.0000	1.0000	1.0000	1.0000	0.9998	0.9961	0.9713
	11	1.0000	1.0000	1.0000	1.0000	1.0000	1.0000	1.0000	0.9994	0.9935
	12	1.0000	1.0000	1.0000	1.0000	1.0000	1.0000	1.0000	0.9999	0.9991
	13	1.0000	1.0000	1.0000	1.0000	1.0000	1.0000	1.0000	1.0000	0.9999
	14	1.0000	1.0000	1.0000	1.0000	1.0000	1.0000	1.0000	1.0000	1.0000
15	0	0.8601	0.4633	0.2059	0.0874	0.0352	0.0134	0.0047	0.0005	0.0000
	1	0.9904	0.8290	0.5490	0.3186	0.1671	0.0802	0.0353	0.0052	0.0005
	2	0.9996	0.9638	0.8159	0.6042	0.3980	0.2361	0.1268	0.0271	0.0037
	3	1.0000	0.9945	0.9444	0.8227	0.6482	0.4613	0.2969	0.0905	0.0176
	4	1.0000	0.9994	0.9873	0.9383	0.8358	0.6865	0.5155	0.2173	0.0592
	5	1.0000	0.9999	0.9978	0.9832	0.9389	0.8516	0.7216	0.4032	0.1509
	6	1.0000	1.0000	0.9997	0.9964	0.9819	0.9434	0.8689	0.6098	0.3036
	7	1.0000	1.0000	1.0000	0.9994	0.9958	0.9827	0.9500	0.7869	0.5000
	8	1.0000	1.0000	1.0000	0.9999	0.9992	0.9958	0.9848	0.9050	0.6964
	9	1.0000	1.0000	1.0000	1.0000	0.9999	0.9992	0.9963	0.9662	0.8491

7 Binomialverteilung – Verteilungsfunktion

n	x	θ								
		0.01	0.05	0.10	0.15	0.20	0.25	0.30	0.40	0.50
15	10	1.0000	1.0000	1.0000	1.0000	1.0000	0.9999	0.9993	0.9907	0.9408
	11	1.0000	1.0000	1.0000	1.0000	1.0000	1.0000	0.9999	0.9981	0.9824
	12	1.0000	1.0000	1.0000	1.0000	1.0000	1.0000	1.0000	0.9997	0.9963
	13	1.0000	1.0000	1.0000	1.0000	1.0000	1.0000	1.0000	1.0000	0.9995
	14	1.0000	1.0000	1.0000	1.0000	1.0000	1.0000	1.0000	1.0000	1.0000
	15	1.0000	1.0000	1.0000	1.0000	1.0000	1.0000	1.0000	1.0000	1.0000
20	0	0.8179	0.3585	0.1216	0.0388	0.0115	0.0032	0.0008	0.0000	0.0000
	1	0.9831	0.7358	0.3917	0.1756	0.0692	0.0243	0.0076	0.0005	0.0000
	2	0.9990	0.9245	0.6769	0.4049	0.2061	0.0913	0.0355	0.0036	0.0002
	3	1.0000	0.9841	0.8670	0.6477	0.4114	0.2252	0.1071	0.0160	0.0013
	4	1.0000	0.9974	0.9568	0.8298	0.6296	0.4148	0.2375	0.0510	0.0059
	5	1.0000	0.9997	0.9887	0.9327	0.8042	0.6172	0.4164	0.1256	0.0207
	6	1.0000	1.0000	0.9976	0.9781	0.9133	0.7858	0.6080	0.2500	0.0577
	7	1.0000	1.0000	0.9996	0.9941	0.9679	0.8982	0.7723	0.4159	0.1316
	8	1.0000	1.0000	0.9999	0.9987	0.9900	0.9591	0.8867	0.5956	0.2517
	9	1.0000	1.0000	1.0000	0.9998	0.9974	0.9861	0.9520	0.7553	0.4119
	10	1.0000	1.0000	1.0000	1.0000	0.9994	0.9961	0.9829	0.8725	0.5881
	11	1.0000	1.0000	1.0000	1.0000	0.9999	0.9991	0.9949	0.9435	0.7483
	12	1.0000	1.0000	1.0000	1.0000	1.0000	0.9998	0.9987	0.9790	0.8684
	13	1.0000	1.0000	1.0000	1.0000	1.0000	1.0000	0.9997	0.9935	0.9423
	14	1.0000	1.0000	1.0000	1.0000	1.0000	1.0000	1.0000	0.9984	0.9793
	15	1.0000	1.0000	1.0000	1.0000	1.0000	1.0000	1.0000	0.9997	0.9941
	16	1.0000	1.0000	1.0000	1.0000	1.0000	1.0000	1.0000	1.0000	0.9987
	17	1.0000	1.0000	1.0000	1.0000	1.0000	1.0000	1.0000	1.0000	0.9998
	18	1.0000	1.0000	1.0000	1.0000	1.0000	1.0000	1.0000	1.0000	1.0000
	19	1.0000	1.0000	1.0000	1.0000	1.0000	1.0000	1.0000	1.0000	1.0000
	20	1.0000	1.0000	1.0000	1.0000	1.0000	1.0000	1.0000	1.0000	1.0000
30	0	0.7397	0.2146	0.0424	0.0076	0.0012	0.0002	0.0000	0.0000	0.0000
	1	0.9639	0.5535	0.1837	0.0480	0.0105	0.0020	0.0003	0.0000	0.0000
	2	0.9967	0.8122	0.4114	0.1514	0.0442	0.0106	0.0021	0.0000	0.0000
	3	0.9998	0.9392	0.6474	0.3217	0.1227	0.0374	0.0093	0.0003	0.0000
	4	1.0000	0.9844	0.8245	0.5245	0.2552	0.0979	0.0302	0.0015	0.0000
	5	1.0000	0.9967	0.9268	0.7106	0.4275	0.2026	0.0766	0.0057	0.0002
	6	1.0000	0.9994	0.9742	0.8474	0.6070	0.3481	0.1595	0.0172	0.0007
	7	1.0000	0.9999	0.9922	0.9302	0.7608	0.5143	0.2814	0.0435	0.0026
	8	1.0000	1.0000	0.9980	0.9722	0.8713	0.6736	0.4315	0.0940	0.0081
	9	1.0000	1.0000	0.9995	0.9903	0.9389	0.8034	0.5888	0.1763	0.0214
	10	1.0000	1.0000	0.9999	0.9971	0.9744	0.8943	0.7304	0.2915	0.0494
	11	1.0000	1.0000	1.0000	0.9992	0.9905	0.9493	0.8407	0.4311	0.1002
	12	1.0000	1.0000	1.0000	0.9998	0.9969	0.9784	0.9155	0.5785	0.1808
	13	1.0000	1.0000	1.0000	1.0000	0.9991	0.9918	0.9599	0.7145	0.2923
	14	1.0000	1.0000	1.0000	1.0000	0.9998	0.9973	0.9831	0.8246	0.4278
	15	1.0000	1.0000	1.0000	1.0000	0.9999	0.9992	0.9936	0.9029	0.5722
	16	1.0000	1.0000	1.0000	1.0000	1.0000	0.9998	0.9979	0.9519	0.7077
	17	1.0000	1.0000	1.0000	1.0000	1.0000	0.9999	0.9994	0.9788	0.8192
	18	1.0000	1.0000	1.0000	1.0000	1.0000	1.0000	0.9998	0.9917	0.8998
	19	1.0000	1.0000	1.0000	1.0000	1.0000	1.0000	1.0000	0.9971	0.9506

n	x	θ								
		0.01	0.05	0.10	0.15	0.20	0.25	0.30	0.40	0.50
30	20	1.0000	1.0000	1.0000	1.0000	1.0000	1.0000	1.0000	0.9991	0.9786
	21	1.0000	1.0000	1.0000	1.0000	1.0000	1.0000	1.0000	0.9998	0.9919
	22	1.0000	1.0000	1.0000	1.0000	1.0000	1.0000	1.0000	1.0000	0.9974
	23	1.0000	1.0000	1.0000	1.0000	1.0000	1.0000	1.0000	1.0000	0.9993
	24	1.0000	1.0000	1.0000	1.0000	1.0000	1.0000	1.0000	1.0000	0.9998
	25	1.0000	1.0000	1.0000	1.0000	1.0000	1.0000	1.0000	1.0000	1.0000
	26	1.0000	1.0000	1.0000	1.0000	1.0000	1.0000	1.0000	1.0000	1.0000
50	0	0.6050	0.0769	0.0052	0.0003	0.0000	0.0000	0.0000	0.0000	0.0000
	1	0.9106	0.2794	0.0338	0.0029	0.0002	0.0000	0.0000	0.0000	0.0000
	2	0.9862	0.5405	0.1117	0.0142	0.0013	0.0001	0.0000	0.0000	0.0000
	3	0.9984	0.7604	0.2503	0.0460	0.0057	0.0005	0.0000	0.0000	0.0000
	4	0.9999	0.8964	0.4312	0.1121	0.0185	0.0021	0.0002	0.0000	0.0000
	5	1.0000	0.9622	0.6161	0.2194	0.0480	0.0070	0.0007	0.0000	0.0000
	6	1.0000	0.9882	0.7702	0.3613	0.1034	0.0194	0.0025	0.0000	0.0000
	7	1.0000	0.9968	0.8779	0.5188	0.1904	0.0453	0.0073	0.0000	0.0000
	8	1.0000	0.9992	0.9421	0.6681	0.3073	0.0916	0.0183	0.0002	0.0000
	9	1.0000	0.9998	0.9755	0.7911	0.4437	0.1637	0.0402	0.0008	0.0000
	10	1.0000	1.0000	0.9906	0.8801	0.5836	0.2622	0.0789	0.0022	0.0000
	11	1.0000	1.0000	0.9968	0.9372	0.7107	0.3816	0.1390	0.0057	0.0000
	12	1.0000	1.0000	0.9990	0.9699	0.8139	0.5110	0.2229	0.0133	0.0002
	13	1.0000	1.0000	0.9997	0.9868	0.8894	0.6370	0.3279	0.0280	0.0005
	14	1.0000	1.0000	0.9999	0.9947	0.9393	0.7481	0.4468	0.0540	0.0013
	15	1.0000	1.0000	1.0000	0.9981	0.9692	0.8369	0.5692	0.0955	0.0033
	16	1.0000	1.0000	1.0000	0.9993	0.9856	0.9017	0.6839	0.1561	0.0077
	17	1.0000	1.0000	1.0000	0.9998	0.9937	0.9449	0.7822	0.2369	0.0164
	18	1.0000	1.0000	1.0000	0.9999	0.9975	0.9713	0.8594	0.3356	0.0325
	19	1.0000	1.0000	1.0000	1.0000	0.9991	0.9861	0.9152	0.4465	0.0595
	20	1.0000	1.0000	1.0000	1.0000	0.9997	0.9937	0.9522	0.5610	0.1013
	21	1.0000	1.0000	1.0000	1.0000	0.9999	0.9974	0.9749	0.6701	0.1611
	22	1.0000	1.0000	1.0000	1.0000	1.0000	0.9990	0.9877	0.7660	0.2399
	23	1.0000	1.0000	1.0000	1.0000	1.0000	0.9996	0.9944	0.8438	0.3359
	24	1.0000	1.0000	1.0000	1.0000	1.0000	0.9999	0.9976	0.9022	0.4439
	25	1.0000	1.0000	1.0000	1.0000	1.0000	1.0000	0.9991	0.9427	0.5561
	26	1.0000	1.0000	1.0000	1.0000	1.0000	1.0000	0.9997	0.9686	0.6641
	27	1.0000	1.0000	1.0000	1.0000	1.0000	1.0000	0.9999	0.9840	0.7601
	28	1.0000	1.0000	1.0000	1.0000	1.0000	1.0000	1.0000	0.9924	0.8389
	29	1.0000	1.0000	1.0000	1.0000	1.0000	1.0000	1.0000	0.9966	0.8987
	30	1.0000	1.0000	1.0000	1.0000	1.0000	1.0000	1.0000	0.9986	0.9405
	31	1.0000	1.0000	1.0000	1.0000	1.0000	1.0000	1.0000	0.9995	0.9675
	32	1.0000	1.0000	1.0000	1.0000	1.0000	1.0000	1.0000	0.9998	0.9836
	33	1.0000	1.0000	1.0000	1.0000	1.0000	1.0000	1.0000	0.9999	0.9923
	34	1.0000	1.0000	1.0000	1.0000	1.0000	1.0000	1.0000	1.0000	0.9967
	35	1.0000	1.0000	1.0000	1.0000	1.0000	1.0000	1.0000	1.0000	0.9987
	36	1.0000	1.0000	1.0000	1.0000	1.0000	1.0000	1.0000	1.0000	0.9995
	37	1.0000	1.0000	1.0000	1.0000	1.0000	1.0000	1.0000	1.0000	0.9998
	38	1.0000	1.0000	1.0000	1.0000	1.0000	1.0000	1.0000	1.0000	1.0000
	39	1.0000	1.0000	1.0000	1.0000	1.0000	1.0000	1.0000	1.0000	1.0000

8 Hypergeometrische Verteilung – Wahrscheinlichkeits- und Verteilungsfunktion

$$f_H(x / N; n; M) = \begin{cases} \dfrac{\binom{M}{x}\binom{N-M}{n-x}}{\binom{N}{n}} & \text{für } x = 0, 1, \ldots, n \\ 0 & \text{sonst} \end{cases}$$

$$F_H(x / N; n; M) = \sum_{v=0}^{x} \frac{\binom{M}{v}\binom{N-M}{n-v}}{\binom{N}{n}}$$

Für M > n findet man den gesuchten Wert über die Beziehung:

$f_H(x/N; n; M) = f_H(x/N; M; n)$ oder

$F_H(x/N; n; M) = F_H(x/N; M; n)$

N	n	M	x	$f_H(x/N; n; M)$	$F_H(x/N; n; M)$
2	1	1	0	0.5000	0.5000
2	1	1	1	0.5000	1.0000
3	1	1	0	0.6667	0.6667
3	1	1	1	0.3333	1.0000
3	2	1	0	0.3333	0.3333
3	2	1	1	0.6667	1.0000
3	2	2	1	0.6667	0.6667
3	2	2	2	0.3333	1.0000
4	1	1	0	0.7500	0.7500
4	1	1	1	0.2500	1.0000
4	2	1	0	0.5000	0.5000
4	2	1	1	0.5000	1.0000
4	2	2	0	0.1667	0.1667
4	2	2	1	0.6667	0.8333
4	2	2	2	0.1667	1.0000
4	3	1	0	0.2500	0.2500
4	3	1	1	0.7500	1.0000
4	3	2	1	0.5000	0.5000
4	3	2	2	0.5000	1.0000
4	3	3	2	0.7500	0.7500
4	3	3	3	0.2500	1.0000
5	1	1	0	0.8000	0.8000
5	1	1	1	0.2000	1.0000
5	2	1	0	0.6000	0.6000
5	2	1	1	0.4000	1.0000
5	2	2	0	0.3000	0.3000
5	2	2	1	0.6000	0.9000
5	2	2	2	0.1000	1.0000
5	3	1	0	0.4000	0.4000
5	3	1	1	0.6000	1.0000
5	3	2	0	0.1000	0.1000
5	3	2	1	0.6000	0.7000
5	3	2	2	0.3000	1.0000
5	3	3	1	0.3000	0.3000
5	3	3	2	0.6000	0.9000
5	3	3	3	0.1000	1.0000
5	4	1	0	0.2000	0.2000
5	4	1	1	0.8000	1.0000
5	4	2	1	0.4000	0.4000
5	4	2	2	0.6000	1.0000
5	4	3	2	0.6000	0.6000
5	4	3	3	0.4000	1.0000
5	4	4	3	0.8000	0.8000
5	4	4	4	0.2000	1.0000
6	1	1	0	0.8333	0.8333
6	1	1	1	0.1667	1.0000
6	2	1	0	0.6667	0.6667
6	2	1	1	0.3333	1.0000
6	2	2	0	0.4000	0.4000
6	2	2	1	0.5333	0.9333
6	2	2	2	0.0667	1.0000
6	3	1	0	0.5000	0.5000
6	3	1	1	0.5000	1.0000
6	3	2	0	0.2000	0.2000
6	3	2	1	0.6000	0.8000
6	3	2	2	0.2000	1.0000
6	3	3	0	0.0500	0.0500
6	3	3	1	0.4500	0.5000
6	3	3	2	0.4500	0.9500
6	3	3	3	0.0500	1.0000

8 Hypergeometrische Verteilung – Wahrscheinlichkeits- und Verteilungsfunktion

N	n	M	x	$f_H(x/N; n; M)$	$F_H(x/N; n; M)$
6	4	1	0	0.3333	0.3333
6	4	1	1	0.6667	1.0000
6	4	2	0	0.0667	0.0667
6	4	2	1	0.5333	0.6000
6	4	2	2	0.4000	1.0000
6	4	3	1	0.2000	0.2000
6	4	3	2	0.6000	0.8000
6	4	3	3	0.2000	1.0000
6	4	4	2	0.4000	0.4000
6	4	4	3	0.5333	0.9333
6	4	4	4	0.0667	1.0000
6	5	1	0	0.1667	0.1667
6	5	1	1	0.8333	1.0000
6	5	2	1	0.3333	0.3333
6	5	2	2	0.6667	1.0000
6	5	3	2	0.5000	0.5000
6	5	3	3	0.5000	1.0000
6	5	4	3	0.6667	0.6667
6	5	4	4	0.3333	1.0000
6	5	5	4	0.8333	0.8333
6	5	5	5	0.1667	1.0000
7	1	1	0	0.8571	0.8571
7	1	1	1	0.1429	1.0000
7	2	1	0	0.7143	0.7143
7	2	1	1	0.2857	1.0000
7	2	2	0	0.4762	0.4762
7	2	2	1	0.4762	0.9524
7	2	2	2	0.0476	1.0000
7	3	1	0	0.5714	0.5714
7	3	1	1	0.4286	1.0000
7	3	2	0	0.2857	0.2857
7	3	2	1	0.5714	0.8571
7	3	2	2	0.1429	1.0000
7	3	3	0	0.1143	0.1143
7	3	3	1	0.5143	0.6286
7	3	3	2	0.3429	0.9714
7	3	3	3	0.0286	1.0000
7	4	1	0	0.4286	0.4286
7	4	1	1	0.5714	1.0000
7	4	2	0	0.1429	0.1429
7	4	2	1	0.5714	0.7143
7	4	2	2	0.2857	1.0000
7	4	3	0	0.0286	0.0286
7	4	3	1	0.3429	0.3714
7	4	3	2	0.5143	0.8857
7	4	3	3	0.1143	1.0000
7	4	4	1	0.1143	0.1143
7	4	4	2	0.5143	0.6286
7	4	4	3	0.3429	0.9714
7	4	4	4	0.0286	1.0000
7	5	1	0	0.2857	0.2857
7	5	1	1	0.7143	1.0000
7	5	2	0	0.0476	0.0476
7	5	2	1	0.4762	0.5238
7	5	2	2	0.4762	1.0000

N	n	M	x	$f_H(x/N; n; M)$	$F_H(x/N; n; M)$
7	5	3	1	0.1429	0.1429
7	5	3	2	0.5714	0.7143
7	5	3	3	0.2857	1.0000
7	5	4	2	0.2857	0.2857
7	5	4	3	0.5714	0.8571
7	5	4	4	0.1429	1.0000
7	5	5	3	0.4762	0.4762
7	5	5	4	0.4762	0.9524
7	5	5	5	0.0476	1.0000
7	6	1	0	0.1429	0.1429
7	6	1	1	0.8571	1.0000
7	6	2	1	0.2857	0.2857
7	6	2	2	0.7143	1.0000
7	6	3	2	0.4286	0.4286
7	6	3	3	0.5714	1.0000
7	6	4	3	0.5714	0.5714
7	6	4	4	0.4286	1.0000
7	6	5	4	0.7143	0.7143
7	6	5	5	0.2857	1.0000
7	6	6	5	0.8571	0.8571
7	6	6	6	0.1429	1.0000
8	1	1	0	0.8750	0.8750
8	1	1	1	0.1250	1.0000
8	2	1	0	0.7500	0.7500
8	2	1	1	0.2500	1.0000
8	2	2	0	0.5357	0.5357
8	2	2	1	0.4286	0.9643
8	2	2	2	0.0357	1.0000
8	3	1	0	0.6250	0.6250
8	3	1	1	0.3750	1.0000
8	3	2	0	0.3571	0.3571
8	3	2	1	0.5357	0.8929
8	3	2	2	0.1071	1.0000
8	3	3	0	0.1786	0.1786
8	3	3	1	0.5357	0.7143
8	3	3	2	0.2679	0.9821
8	3	3	3	0.0179	1.0000
8	4	1	0	0.5000	0.5000
8	4	1	1	0.5000	1.0000
8	4	2	0	0.2143	0.2143
8	4	2	1	0.5714	0.7857
8	4	2	2	0.2143	1.0000
8	4	3	0	0.0714	0.0714
8	4	3	1	0.4286	0.5000
8	4	3	2	0.4286	0.9286
8	4	3	3	0.0714	1.0000
8	4	4	0	0.0143	0.0143
8	4	4	1	0.2286	0.2429
8	4	4	2	0.5143	0.7571
8	4	4	3	0.2286	0.9857
8	4	4	4	0.0143	1.0000
8	5	1	0	0.3750	0.3750
8	5	1	1	0.6250	1.0000
8	5	2	0	0.1071	0.1071
8	5	2	1	0.5357	0.6429

8 Hypergeometrische Verteilung – Wahrscheinlichkeits- und Verteilungsfunktion

N	n	M	x	$f_H(x/N; n; M)$	$F_H(x/N; n; M)$
8	5	2	2	0.3571	1.0000
8	5	3	0	0.0179	0.0179
8	5	3	1	0.2679	0.2857
8	5	3	2	0.5357	0.8214
8	5	3	3	0.1786	1.0000
8	5	4	1	0.0714	0.0714
8	5	4	2	0.4286	0.5000
8	5	4	3	0.4286	0.9286
8	5	4	4	0.0714	1.0000
8	5	5	2	0.1786	0.1786
8	5	5	3	0.5357	0.7143
8	5	5	4	0.2679	0.9821
8	5	5	5	0.0179	1.0000
8	6	1	0	0.2500	0.2500
8	6	1	1	0.7500	1.0000
8	6	2	0	0.0357	0.0357
8	6	2	1	0.4286	0.4643
8	6	2	2	0.5357	1.0000
8	6	3	1	0.1071	0.1071
8	6	3	2	0.5357	0.6429
8	6	3	3	0.3571	1.0000
8	6	4	2	0.2143	0.2143
8	6	4	3	0.5714	0.7857
8	6	4	4	0.2143	1.0000
8	6	5	3	0.3571	0.3571
8	6	5	4	0.5357	0.8929
8	6	5	5	0.1071	1.0000
8	6	6	4	0.5357	0.5357
8	6	6	5	0.4286	0.9643
8	6	6	6	0.0357	1.0000
8	7	1	0	0.1250	0.1250
8	7	1	1	0.8750	1.0000
8	7	2	1	0.2500	0.2500
8	7	2	2	0.7500	1.0000
8	7	3	2	0.3750	0.3750
8	7	3	3	0.6250	1.0000
8	7	4	3	0.5000	0.5000
8	7	4	4	0.5000	1.0000
8	7	5	4	0.6250	0.6250
8	7	5	5	0.3750	1.0000
8	7	6	5	0.7500	0.7500
8	7	6	6	0.2500	1.0000
8	7	7	6	0.8750	0.8750
8	7	7	7	0.1250	1.0000
9	1	1	0	0.8889	0.8889
9	1	1	1	0.1111	1.0000
9	2	1	0	0.7778	0.7778
9	2	1	1	0.2222	1.0000
9	2	2	0	0.5833	0.5833
9	2	2	1	0.3889	0.9722

N	n	M	x	$f_H(x/N; n; M)$	$F_H(x/N; n; M)$
9	2	2	2	0.0278	1.0000
9	3	1	0	0.6667	0.6667
9	3	1	1	0.3333	1.0000
9	3	2	0	0.4167	0.4167
9	3	2	1	0.5000	0.9167
9	3	2	2	0.0833	1.0000
9	3	3	0	0.2381	0.2381
9	3	3	1	0.5357	0.7738
9	3	3	2	0.2143	0.9881
9	3	3	3	0.0119	1.0000
9	4	1	0	0.5556	0.5556
9	4	1	1	0.4444	1.0000
9	4	2	0	0.2778	0.2778
9	4	2	1	0.5556	0.8333
9	4	2	2	0.1667	1.0000
9	4	3	0	0.1190	0.1190
9	4	3	1	0.4762	0.5952
9	4	3	2	0.3571	0.9524
9	4	3	3	0.0476	1.0000
9	4	4	0	0.0397	0.0397
9	4	4	1	0.3175	0.3571
9	4	4	2	0.4762	0.8333
9	4	4	3	0.1587	0.9921
9	4	4	4	0.0079	1.0000
9	5	1	0	0.4444	0.4444
9	5	1	1	0.5556	1.0000
9	5	2	0	0.1667	0.1667
9	5	2	1	0.5556	0.7222
9	5	2	2	0.2778	1.0000
9	5	3	0	0.0476	0.0476
9	5	3	1	0.3571	0.4048
9	5	3	2	0.4762	0.8810
9	5	3	3	0.1190	1.0000
9	5	4	0	0.0079	0.0079
9	5	4	1	0.1587	0.1667
9	5	4	2	0.4762	0.6429
9	5	4	3	0.3175	0.9603
9	5	4	4	0.0397	1.0000
9	5	5	1	0.0397	0.0397
9	5	5	2	0.3175	0.3571
9	5	5	3	0.4762	0.8333
9	5	5	4	0.1587	0.9921
9	5	5	5	0.0079	1.0000
9	6	1	0	0.3333	0.3333
9	6	1	1	0.6667	1.0000
9	6	2	0	0.0833	0.0833
9	6	2	1	0.5000	0.5833
9	6	2	2	0.4167	1.0000
9	6	3	0	0.0119	0.0119
9	6	3	1	0.2143	0.2262

8 Hypergeometrische Verteilung – Wahrscheinlichkeits- und Verteilungsfunktion

N	n	M	x	$f_H(x/N; n; M)$	$F_H(x/N; n; M)$
9	6	3	2	0.5357	0.7619
9	6	3	3	0.2381	1.0000
9	6	4	1	0.0476	0.0476
9	6	4	2	0.3571	0.4048
9	6	4	3	0.4762	0.8810
9	6	4	4	0.1190	1.0000
9	6	5	2	0.1190	0.1190
9	6	5	3	0.4762	0.5952
9	6	5	4	0.3571	0.9524
9	6	5	5	0.0476	1.0000
9	6	6	3	0.2381	0.2381
9	6	6	4	0.5357	0.7738
9	6	6	5	0.2143	0.9881
9	6	6	6	0.0119	1.0000
9	7	1	0	0.2222	0.2222
9	7	1	1	0.7778	1.0000
9	7	2	0	0.0278	0.0278
9	7	2	1	0.3889	0.4167
9	7	2	2	0.5833	1.0000
9	7	3	1	0.0833	0.0833
9	7	3	2	0.5000	0.5833
9	7	3	3	0.4167	1.0000
9	7	4	2	0.1667	0.1667
9	7	4	3	0.5556	0.7222
9	7	4	4	0.2778	1.0000
9	7	5	3	0.2778	0.2778
9	7	5	4	0.5556	0.8333
9	7	5	5	0.1667	1.0000
9	7	6	4	0.4167	0.4167
9	7	6	5	0.5000	0.9167
9	7	6	6	0.0833	1.0000
9	7	7	5	0.5833	0.5833
9	7	7	6	0.3889	0.9722
9	7	7	7	0.0278	1.0000
9	8	1	0	0.1111	0.1111
9	8	1	1	0.8889	1.0000
9	8	2	1	0.2222	0.2222
9	8	2	2	0.7778	1.0000
9	8	3	2	0.3333	0.3333
9	8	3	3	0.6667	1.0000
9	8	4	3	0.4444	0.4444
9	8	4	4	0.5556	1.0000
9	8	5	4	0.5556	0.5556
9	8	5	5	0.4444	1.0000
9	8	6	5	0.6667	0.6667
9	8	6	6	0.3333	1.0000
9	8	7	6	0.7778	0.7778
9	8	7	7	0.2222	1.0000
9	8	8	7	0.8889	0.8889
9	8	8	8	0.1111	1.0000

N	n	M	x	$f_H(x/N; n; M)$	$F_H(x/N; n; M)$
10	1	1	0	0.9000	0.9000
10	1	1	1	0.1000	1.0000
10	2	1	0	0.8000	0.8000
10	2	1	1	0.2000	1.0000
10	2	2	0	0.6222	0.6222
10	2	2	1	0.3556	0.9778
10	2	2	2	0.0222	1.0000
10	3	1	0	0.7000	0.7000
10	3	1	1	0.3000	1.0000
10	3	2	0	0.4667	0.4667
10	3	2	1	0.4667	0.9333
10	3	2	2	0.0667	1.0000
10	3	3	0	0.2917	0.2917
10	3	3	1	0.5250	0.8167
10	3	3	2	0.1750	0.9917
10	3	3	3	0.0083	1.0000
10	4	1	0	0.6000	0.6000
10	4	1	1	0.4000	1.0000
10	4	2	0	0.3333	0.3333
10	4	2	1	0.5333	0.8667
10	4	2	2	0.1333	1.0000
10	4	3	0	0.1667	0.1667
10	4	3	1	0.5000	0.6667
10	4	3	2	0.3000	0.9667
10	4	3	3	0.0333	1.0000
10	4	4	0	0.0714	0.0714
10	4	4	1	0.3810	0.4524
10	4	4	2	0.4286	0.8810
10	4	4	3	0.1143	0.9952
10	4	4	4	0.0048	1.0000
10	5	1	0	0.5000	0.5000
10	5	1	1	0.5000	1.0000
10	5	2	0	0.2222	0.2222
10	5	2	1	0.5556	0.7778
10	5	2	2	0.2222	1.0000
10	5	3	0	0.0833	0.0833
10	5	3	1	0.4167	0.5000
10	5	3	2	0.4167	0.9167
10	5	3	3	0.0833	1.0000
10	5	4	0	0.0238	0.0238
10	5	4	1	0.2381	0.2619
10	5	4	2	0.4762	0.7381
10	5	4	3	0.2381	0.9762
10	5	4	4	0.0238	1.0000
10	5	5	0	0.0040	0.0040
10	5	5	1	0.0992	0.1032
10	5	5	2	0.3968	0.5000
10	5	5	3	0.3968	0.8968
10	5	5	4	0.0992	0.9960
10	5	5	5	0.0040	1.0000

8 Hypergeometrische Verteilung – Wahrscheinlichkeits- und Verteilungsfunktion

N	n	M	x	f_H(x/N; n; M)	F_H/(x/N; n; M)
10	6	1	0	0.4000	0.4000
10	6	1	1	0.6000	1.0000
10	6	2	0	0.1333	0.1333
10	6	2	1	0.5333	0.6667
10	6	2	2	0.3333	1.0000
10	6	3	0	0.0333	0.0333
10	6	3	1	0.3000	0.3333
10	6	3	2	0.5000	0.8333
10	6	3	3	0.1667	1.0000
10	6	4	0	0.0048	0.0048
10	6	4	1	0.1143	0.1190
10	6	4	2	0.4286	0.5476
10	6	4	3	0.3810	0.9286
10	6	4	4	0.0714	1.0000
10	6	5	1	0.0238	0.0238
10	6	5	2	0.2381	0.2619
10	6	5	3	0.4762	0.7381
10	6	5	4	0.2381	0.9762
10	6	5	5	0.0238	1.0000
10	6	6	2	0.0714	0.0714
10	6	6	3	0.3810	0.4524
10	6	6	4	0.4286	0.8810
10	6	6	5	0.1143	0.9952
10	6	6	6	0.0048	1.0000
10	7	1	0	0.3000	0.3000
10	7	1	1	0.7000	1.0000
10	7	2	0	0.0667	0.0667
10	7	2	1	0.4667	0.5333
10	7	2	2	0.4667	1.0000
10	7	3	0	0.0083	0.0083
10	7	3	1	0.1750	0.1833
10	7	3	2	0.5250	0.7083
10	7	3	3	0.2917	1.0000
10	7	4	1	0.0333	0.0333
10	7	4	2	0.3000	0.3333
10	7	4	3	0.5000	0.8333
10	7	4	4	0.1667	1.0000
10	7	5	2	0.0833	0.0833
10	7	5	3	0.4167	0.5000
10	7	5	4	0.4167	0.9167
10	7	5	5	0.0833	1.0000
10	7	6	3	0.1667	0.1667
10	7	6	4	0.5000	0.6667
10	7	6	5	0.3000	0.9667
10	7	6	6	0.0333	1.0000
10	7	7	4	0.2917	0.2917
10	7	7	5	0.5250	0.8167
10	7	7	6	0.1750	0.9917
10	7	7	7	0.0083	1.0000
10	8	1	0	0.2000	0.2000

N	n	M	x	f_H(x/N; n; M)	F_H(x/N; n; M)
10	8	1	1	0.8000	1.0000
10	8	2	0	0.0222	0.0222
10	8	2	1	0.3556	0.3778
10	8	2	2	0.6222	1.0000
10	8	3	1	0.0667	0.0667
10	8	3	2	0.4667	0.5333
10	8	3	3	0.4667	1.0000
10	8	4	2	0.1333	0.1333
10	8	4	3	0.5333	0.6667
10	8	4	4	0.3333	1.0000
10	8	5	3	0.2222	0.2222
10	8	5	4	0.5556	0.7778
10	8	5	5	0.2222	1.0000
10	8	6	4	0.3333	0.3333
10	8	6	5	0.5333	0.8667
10	8	6	6	0.1333	1.0000
10	8	7	5	0.4667	0.4667
10	8	7	6	0.4667	0.9333
10	8	7	7	0.0667	1.0000
10	8	8	6	0.6222	0.6222
10	8	8	7	0.3556	0.9778
10	8	8	8	0.0222	1.0000
10	9	1	0	0.1000	0.1000
10	9	1	1	0.9000	1.0000
10	9	2	1	0.2000	0.2000
10	9	2	2	0.8000	1.0000
10	9	3	2	0.3000	0.3000
10	9	3	3	0.7000	1.0000
10	9	4	3	0.4000	0.4000
10	9	4	4	0.6000	1.0000
10	9	5	4	0.5000	0.5000
10	9	5	5	0.5000	1.0000
10	9	6	5	0.6000	0.6000
10	9	6	6	0.4000	1.0000
10	9	7	6	0.7000	0.7000
10	9	7	7	0.3000	1.0000
10	9	8	7	0.8000	0.8000
10	9	8	8	0.2000	1.0000
10	9	9	8	0.9000	0.9000
10	9	9	9	0.1000	1.0000
11	1	1	0	0.9091	0.9091
11	1	1	1	0.0909	1.0000
11	2	1	0	0.8182	0.8182
11	2	1	1	0.1818	1.0000
11	2	2	0	0.6545	0.6545
11	2	2	1	0.3273	0.9818
11	2	2	2	0.0182	1.0000
11	3	1	0	0.7273	0.7273
11	3	1	1	0.2727	1.0000
11	3	2	0	0.5091	0.5091

8 Hypergeometrische Verteilung – Wahrscheinlichkeits- und Verteilungsfunktion

N	n	M	x	$f_H(x/N; n; M)$	$F_H(x/N; n; M)$
11	3	2	1	0.4364	0.9455
11	3	2	2	0.0545	1.0000
11	3	3	0	0.3394	0.3394
11	3	3	1	0.5091	0.8485
11	3	3	2	0.1455	0.9939
11	3	3	3	0.0061	1.0000
11	4	1	0	0.6364	0.6364
11	4	1	1	0.3636	1.0000
11	4	2	0	0.3818	0.3818
11	4	2	1	0.5091	0.8909
11	4	2	2	0.1091	1.0000
11	4	3	0	0.2121	0.2121
11	4	3	1	0.5091	0.7212
11	4	3	2	0.2545	0.9758
11	4	3	3	0.0242	1.0000
11	4	4	0	0.1061	0.1061
11	4	4	1	0.4242	0.5303
11	4	4	2	0.3818	0.9121
11	4	4	3	0.0848	0.9970
11	4	4	4	0.0030	1.0000
11	5	1	0	0.5455	0.5455
11	5	1	1	0.4545	1.0000
11	5	2	0	0.2727	0.2727
11	5	2	1	0.5455	0.8182
11	5	2	2	0.1818	1.0000
11	5	3	0	0.1212	0.1212
11	5	3	1	0.4545	0.5758
11	5	3	2	0.3636	0.9394
11	5	3	3	0.0606	1.0000
11	5	4	0	0.0455	0.0455
11	5	4	1	0.3030	0.3485
11	5	4	2	0.4545	0.8030
11	5	4	3	0.1818	0.9848
11	5	4	4	0.0152	1.0000
11	5	5	0	0.0130	0.0130
11	5	5	1	0.1623	0.1753
11	5	5	2	0.4329	0.6082
11	5	5	3	0.3247	0.9329
11	5	5	4	0.0649	0.9978
11	5	5	5	0.0022	1.0000
11	6	1	0	0.4545	0.4545
11	6	1	1	0.5455	1.0000
11	6	2	0	0.1818	0.1818
11	6	2	1	0.5455	0.7273
11	6	2	2	0.2727	1.0000
11	6	3	0	0.0606	0.0606
11	6	3	1	0.3636	0.4242
11	6	3	2	0.4545	0.8788
11	6	3	3	0.1212	1.0000
11	6	4	0	0.0152	0.0152

N	n	M	x	$f_H(x/N; n; M)$	$F_H(x/N; n; M)$
11	6	4	1	0.1818	0.1970
11	6	4	2	0.4545	0.6515
11	6	4	3	0.3030	0.9545
11	6	4	4	0.0455	1.0000
11	6	5	0	0.0022	0.0022
11	6	5	1	0.0649	0.0671
11	6	5	2	0.3247	0.3918
11	6	5	3	0.4329	0.8247
11	6	5	4	0.1623	0.9870
11	6	5	5	0.0130	1.0000
11	6	6	1	0.0130	0.0130
11	6	6	2	0.1623	0.1753
11	6	6	3	0.4329	0.6082
11	6	6	4	0.3247	0.9329
11	6	6	5	0.0649	0.9978
11	6	6	6	0.0022	1.0000
11	7	1	0	0.3636	0.3636
11	7	1	1	0.6364	1.0000
11	7	2	0	0.1091	0.1091
11	7	2	1	0.5091	0.6182
11	7	2	2	0.3818	1.0000
11	7	3	0	0.0242	0.0242
11	7	3	1	0.2545	0.2788
11	7	3	2	0.5091	0.7879
11	7	3	3	0.2121	1.0000
11	7	4	0	0.0030	0.0030
11	7	4	1	0.0848	0.0879
11	7	4	2	0.3818	0.4697
11	7	4	3	0.4242	0.8939
11	7	4	4	0.1061	1.0000
11	7	5	1	0.0152	0.0152
11	7	5	2	0.1818	0.1970
11	7	5	3	0.4545	0.6515
11	7	5	4	0.3030	0.9545
11	7	5	5	0.0455	1.0000
11	7	6	2	0.0455	0.0455
11	7	6	3	0.3030	0.3485
11	7	6	4	0.4545	0.8030
11	7	6	5	0.1818	0.9848
11	7	6	6	0.0152	1.0000
11	7	7	3	0.1061	0.1061
11	7	7	4	0.4242	0.5303
11	7	7	5	0.3818	0.9121
11	7	7	6	0.0848	0.9970
11	7	7	7	0.0030	1.0000
11	8	1	0	0.2727	0.2727
11	8	1	1	0.7273	1.0000
11	8	2	0	0.0545	0.0545
11	8	2	1	0.4364	0.4909
11	8	2	2	0.5091	1.0000

8 Hypergeometrische Verteilung – Wahrscheinlichkeits- und Verteilungsfunktion

N	n	M	x	$f_H(x/N; n; M)$	$F_H(x/N; n; M)$
11	8	3	0	0.0061	0.0061
11	8	3	1	0.1455	0.1515
11	8	3	2	0.5091	0.6606
11	8	3	3	0.3394	1.0000
11	8	4	1	0.0242	0.0242
11	8	4	2	0.2545	0.2788
11	8	4	3	0.5091	0.7879
11	8	4	4	0.2121	1.0000
11	8	5	2	0.0606	0.0606
11	8	5	3	0.3636	0.4242
11	8	5	4	0.4545	0.8788
11	8	5	5	0.1212	1.0000
11	8	6	3	0.1212	0.1212
11	8	6	4	0.4545	0.5758
11	8	6	5	0.3636	0.9394
11	8	6	6	0.0606	1.0000
11	8	7	4	0.2121	0.2121
11	8	7	5	0.5091	0.7212
11	8	7	6	0.2545	0.9758
11	8	7	7	0.0242	1.0000
11	8	8	5	0.3394	0.3394
11	8	8	6	0.5091	0.8485
11	8	8	7	0.1455	0.9939
11	8	8	8	0.0061	1.0000
11	9	1	0	0.1818	0.1818
11	9	1	1	0.8182	1.0000
11	9	2	0	0.0182	0.0182
11	9	2	1	0.3273	0.3455
11	9	2	2	0.6545	1.0000
11	9	3	1	0.0545	0.0545
11	9	3	2	0.4364	0.4909
11	9	3	3	0.5091	1.0000
11	9	4	2	0.1091	0.1091
11	9	4	3	0.5091	0.6182
11	9	4	4	0.3818	1.0000
11	9	5	3	0.1818	0.1818
11	9	5	4	0.5455	0.7273
11	9	5	5	0.2727	1.0000
11	9	6	4	0.2727	0.2727
11	9	6	5	0.5455	0.8182
11	9	6	6	0.1818	1.0000
11	9	7	5	0.3818	0.3818
11	9	7	6	0.5091	0.8909
11	9	7	7	0.1091	1.0000
11	9	8	6	0.5091	0.5091
11	9	8	7	0.4364	0.9455
11	9	8	8	0.0545	1.0000
11	9	9	7	0.6545	0.6545
11	9	9	8	0.3273	0.9818
11	9	9	9	0.0182	1.0000

N	n	M	x	$f_H(x/N; n; M)$	$F_H(x/N; n; M)$
11	10	1	0	0.0909	0.0909
11	10	1	1	0.9091	1.0000
11	10	2	1	0.1818	0.1818
11	10	2	2	0.8182	1.0000
11	10	3	2	0.2727	0.2727
11	10	3	3	0.7273	1.0000
11	10	4	3	0.3636	0.3636
11	10	4	4	0.6364	1.0000
11	10	5	4	0.4545	0.4545
11	10	5	5	0.5455	1.0000
11	10	6	5	0.5455	0.5455
11	10	6	6	0.4545	1.0000
11	10	7	6	0.6364	0.6364
11	10	7	7	0.3636	1.0000
11	10	8	7	0.7273	0.7273
11	10	8	8	0.2727	1.0000
11	10	9	8	0.8182	0.8182
11	10	9	9	0.1818	1.0000
11	10	10	9	0.9091	0.9091
11	10	10	10	0.0909	1.0000
12	1	1	0	0.9167	0.9167
12	1	1	1	0.0833	1.0000
12	2	1	0	0.8333	0.8333
12	2	1	1	0.1667	1.0000
12	2	2	0	0.6818	0.6818
12	2	2	1	0.3030	0.9848
12	2	2	2	0.0152	1.0000
12	3	1	0	0.7500	0.7500
12	3	1	1	0.2500	1.0000
12	3	2	0	0.5455	0.5455
12	3	2	1	0.4091	0.9545
12	3	2	2	0.0455	1.0000
12	3	3	0	0.3818	0.3818
12	3	3	1	0.4909	0.8727
12	3	3	2	0.1227	0.9955
12	3	3	3	0.0045	1.0000
12	4	1	0	0.6667	0.6667
12	4	1	1	0.3333	1.0000
12	4	2	0	0.4242	0.4242
12	4	2	1	0.4848	0.9091
12	4	2	2	0.0909	1.0000
12	4	3	0	0.2545	0.2545
12	4	3	1	0.5091	0.7636
12	4	3	2	0.2182	0.9818
12	4	3	3	0.0182	1.0000
12	4	4	0	0.1414	0.1414
12	4	4	1	0.4525	0.5939
12	4	4	2	0.3394	0.9333
12	4	4	3	0.0646	0.9980
12	4	4	4	0.0020	1.0000

8 Hypergeometrische Verteilung – Wahrscheinlichkeits- und Verteilungsfunktion

N	n	M	x	$f_H(x/N; n; M)$	$F_H(x/N; n; M)$
12	5	1	0	0.5833	0.5833
12	5	1	1	0.4167	1.0000
12	5	2	0	0.3182	0.3182
12	5	2	1	0.5303	0.8485
12	5	2	2	0.1515	1.0000
12	5	3	0	0.1591	0.1591
12	5	3	1	0.4773	0.6364
12	5	3	2	0.3182	0.9545
12	5	3	3	0.0455	1.0000
12	5	4	0	0.0707	0.0707
12	5	4	1	0.3535	0.4242
12	5	4	2	0.4242	0.8485
12	5	4	3	0.1414	0.9899
12	5	4	4	0.0101	1.0000
12	5	5	0	0.0265	0.0265
12	5	5	1	0.2210	0.2475
12	5	5	2	0.4419	0.6894
12	5	5	3	0.2652	0.9545
12	5	5	4	0.0442	0.9987
12	5	5	5	0.0013	1.0000
12	6	1	0	0.5000	0.5000
12	6	1	1	0.5000	1.0000
12	6	2	0	0.2273	0.2273
12	6	2	1	0.5455	0.7727
12	6	2	2	0.2273	1.0000
12	6	3	0	0.0909	0.0909
12	6	3	1	0.4091	0.5000
12	6	3	2	0.4091	0.9091
12	6	3	3	0.0909	1.0000
12	6	4	0	0.0303	0.0303
12	6	4	1	0.2424	0.2727
12	6	4	2	0.4545	0.7273
12	6	4	3	0.2424	0.9697
12	6	4	4	0.0303	1.0000
12	6	5	0	0.0076	0.0076
12	6	5	1	0.1136	0.1212
12	6	5	2	0.3788	0.5000
12	6	5	3	0.3788	0.8788
12	6	5	4	0.1136	0.9924
12	6	5	5	0.0076	1.0000
12	6	6	0	0.0011	0.0011
12	6	6	1	0.0390	0.0400
12	6	6	2	0.2435	0.2835
12	6	6	3	0.4329	0.7165
12	6	6	4	0.2435	0.9600
12	6	6	5	0.0390	0.9989
12	6	6	6	0.0011	1.0000
12	7	1	0	0.4167	0.4167
12	7	1	1	0.5833	1.0000
12	7	2	0	0.1515	0.1515
12	7	2	1	0.5303	0.6818
12	7	2	2	0.3182	1.0000
12	7	3	0	0.0455	0.0455
12	7	3	1	0.3182	0.3636
12	7	3	2	0.4773	0.8409
12	7	3	3	0.1591	1.0000
12	7	4	0	0.0101	0.0101
12	7	4	1	0.1414	0.1515
12	7	4	2	0.4242	0.5758
12	7	4	3	0.3535	0.9293
12	7	4	4	0.0707	1.0000
12	7	5	0	0.0013	0.0013
12	7	5	1	0.0442	0.0455
12	7	5	2	0.2652	0.3106
12	7	5	3	0.4419	0.7525
12	7	5	4	0.2210	0.9735
12	7	5	5	0.0265	1.0000
12	7	6	1	0.0076	0.0076
12	7	6	2	0.1136	0.1212
12	7	6	3	0.3788	0.5000
12	7	6	4	0.3788	0.8788
12	7	6	5	0.1136	0.9924
12	7	6	6	0.0076	1.0000
12	7	7	2	0.0265	0.0265
12	7	7	3	0.2210	0.2475
12	7	7	4	0.4419	0.6894
12	7	7	5	0.2652	0.9545
12	7	7	6	0.0442	0.9987
12	7	7	7	0.0013	1.0000
12	8	1	0	0.3333	0.3333
12	8	1	1	0.6667	1.0000
12	8	2	0	0.0909	0.0909
12	8	2	1	0.4848	0.5758
12	8	2	2	0.4242	1.0000
12	8	3	0	0.0182	0.0182
12	8	3	1	0.2182	0.2364
12	8	3	2	0.5091	0.7455
12	8	3	3	0.2545	1.0000
12	8	4	0	0.0020	0.0020
12	8	4	1	0.0646	0.0667
12	8	4	2	0.3394	0.4061
12	8	4	3	0.4525	0.8586
12	8	4	4	0.1414	1.0000
12	8	5	1	0.0101	0.0101
12	8	5	2	0.1414	0.1515
12	8	5	3	0.4242	0.5758
12	8	5	4	0.3535	0.9293
12	8	5	5	0.0707	1.0000
12	8	6	2	0.0303	0.0303
12	8	6	3	0.2424	0.2727

8

8 Hypergeometrische Verteilung – Wahrscheinlichkeits- und Verteilungsfunktion

N	n	M	x	$f_H(x/N; n; M)$	$F_H(x/N; n; M)$
12	8	6	4	0.4545	0.7273
12	8	6	5	0.2424	0.9697
12	8	6	6	0.0303	1.0000
12	8	7	3	0.0707	0.0707
12	8	7	4	0.3535	0.4242
12	8	7	5	0.4242	0.8485
12	8	7	6	0.1414	0.9899
12	8	7	7	0.0101	1.0000
12	8	8	4	0.1414	0.1414
12	8	8	5	0.4525	0.5939
12	8	8	6	0.3394	0.9333
12	8	8	7	0.0646	0.9980
12	8	8	8	0.0020	1.0000
12	9	1	0	0.2500	0.2500
12	9	1	1	0.7500	1.0000
12	9	2	0	0.0455	0.0455
12	9	2	1	0.4091	0.4545
12	9	2	2	0.5455	1.0000
12	9	3	0	0.0045	0.0045
12	9	3	1	0.1227	0.1273
12	9	3	2	0.4909	0.6182
12	9	3	3	0.3818	1.0000
12	9	4	1	0.0182	0.0182
12	9	4	2	0.2182	0.2364
12	9	4	3	0.5091	0.7455
12	9	4	4	0.2545	1.0000
12	9	5	2	0.0455	0.0455
12	9	5	3	0.3182	0.3636
12	9	5	4	0.4773	0.8409
12	9	5	5	0.1591	1.0000
12	9	6	3	0.0909	0.0909
12	9	6	4	0.4091	0.5000
12	9	6	5	0.4091	0.9091
12	9	6	6	0.0909	1.0000
12	9	7	4	0.1591	0.1591
12	9	7	5	0.4773	0.6364
12	9	7	6	0.3182	0.9545
12	9	7	7	0.0455	1.0000
12	9	8	5	0.2545	0.2545
12	9	8	6	0.5091	0.7636
12	9	8	7	0.2182	0.9818
12	9	8	8	0.0182	1.0000
12	9	9	6	0.3818	0.3818
12	9	9	7	0.4909	0.8727
12	9	9	8	0.1227	0.9955
12	9	9	9	0.0045	1.0000
12	10	1	0	0.1667	0.1667
12	10	1	1	0.8333	1.0000
12	10	2	0	0.0152	0.0152
12	10	2	1	0.3030	0.3182
12	10	2	2	0.6818	1.0000
12	10	3	1	0.0455	0.0455
12	10	3	2	0.4091	0.4545
12	10	3	3	0.5455	1.0000
12	10	4	2	0.0909	0.0909
12	10	4	3	0.4848	0.5758
12	10	4	4	0.4242	1.0000
12	10	5	3	0.1515	0.1515
12	10	5	4	0.5303	0.6818
12	10	5	5	0.3182	1.0000
12	10	6	4	0.2273	0.2273
12	10	6	5	0.5455	0.7727
12	10	6	6	0.2273	1.0000
12	10	7	5	0.3182	0.3182
12	10	7	6	0.5303	0.8485
12	10	7	7	0.1515	1.0000
12	10	8	6	0.4242	0.4242
12	10	8	7	0.4848	0.9091
12	10	8	8	0.0909	1.0000
12	10	9	7	0.5455	0.5455
12	10	9	8	0.4091	0.9545
12	10	9	9	0.0455	1.0000
12	10	10	8	0.6818	0.6818
12	10	10	9	0.3030	0.9848
12	10	10	10	0.0152	1.0000
12	11	1	0	0.0833	0.0833
12	11	1	1	0.9167	1.0000
12	11	2	1	0.1667	0.1667
12	11	2	2	0.8333	1.0000
12	11	3	2	0.2500	0.2500
12	11	3	3	0.7500	1.0000
12	11	4	3	0.3333	0.3333
12	11	4	4	0.6667	1.0000
12	11	5	4	0.4167	0.4167
12	11	5	5	0.5833	1.0000
12	11	6	5	0.5000	0.5000
12	11	6	6	0.5000	1.0000
12	11	7	6	0.5833	0.5833
12	11	7	7	0.4167	1.0000
12	11	8	7	0.6667	0.6667
12	11	8	8	0.3333	1.0000
12	11	9	8	0.7500	0.7500
12	11	9	9	0.2500	1.0000
12	11	10	9	0.8333	0.8333
12	11	10	10	0.1667	1.0000
12	11	11	10	0.9167	0.9167
12	11	11	11	0.0833	1.0000

9 Poissonverteilung – Wahrscheinlichkeitsfunktion

$$f_P(x/\mu) = \begin{cases} \dfrac{\mu^x e^{-\mu}}{x!} & \text{für} \quad x = 0, 1, \ldots \; (\mu > 0;\; e = 2.71828\ldots) \\ 0 & \text{sonst} \end{cases}$$

x	μ								
	0.005	0.010	0.020	0.030	0.040	0.050	0.060	0.070	0.080
0	0.9950	0.9900	0.9802	0.9704	0.9608	0.9512	0.9418	0.9324	0.9231
1	0.0050	0.0099	0.0196	0.0291	0.0384	0.0476	0.0565	0.0653	0.0738
2	0.0000	0.0000	0.0002	0.0004	0.0008	0.0012	0.0017	0.0023	0.0030
3	0.0000	0.0000	0.0000	0.0000	0.0000	0.0000	0.0000	0.0000	0.0001

x	μ								
	0.090	0.100	0.150	0.200	0.300	0.400	0.500	0.600	0.700
0	0.9139	0.9048	0.8607	0.8187	0.7408	0.6703	0.6065	0.5488	0.4966
1	0.0823	0.0905	0.1291	0.1637	0.2222	0.2681	0.3033	0.3293	0.3476
2	0.0037	0.0045	0.0097	0.0164	0.0333	0.0536	0.0758	0.0988	0.1217
3	0.0001	0.0002	0.0005	0.0011	0.0033	0.0072	0.0126	0.0198	0.0284
4	0.0000	0.0000	0.0000	0.0001	0.0003	0.0007	0.0016	0.0030	0.0050
5	0.0000	0.0000	0.0000	0.0000	0.0000	0.0001	0.0002	0.0004	0.0007
6	0.0000	0.0000	0.0000	0.0000	0.0000	0.0000	0.0000	0.0000	0.0001

x	μ								
	0.800	0.900	1.000	1.100	1.200	1.300	1.400	1.500	1.600
0	0.4493	0.4066	0.3679	0.3329	0.3012	0.2725	0.2466	0.2231	0.2019
1	0.3595	0.3659	0.3679	0.3662	0.3614	0.3543	0.3452	0.3347	0.3230
2	0.1438	0.1647	0.1839	0.2014	0.2169	0.2303	0.2417	0.2510	0.2584
3	0.0383	0.0494	0.0613	0.0738	0.0867	0.0998	0.1128	0.1255	0.1378
4	0.0077	0.0111	0.0153	0.0203	0.0260	0.0324	0.0395	0.0471	0.0551
5	0.0012	0.0020	0.0031	0.0045	0.0062	0.0084	0.0111	0.0141	0.0176
6	0.0002	0.0003	0.0005	0.0008	0.0012	0.0018	0.0026	0.0035	0.0047
7	0.0000	0.0000	0.0001	0.0001	0.0002	0.0003	0.0005	0.0008	0.0011
8	0.0000	0.0000	0.0000	0.0000	0.0000	0.0001	0.0001	0.0001	0.0002

x	μ								
	1.700	1.800	1.900	2.000	2.100	2.200	2.300	2.400	2.500
0	0.1827	0.1653	0.1496	0.1353	0.1225	0.1108	0.1003	0.0907	0.0821
1	0.3106	0.2975	0.2842	0.2707	0.2572	0.2438	0.2306	0.2177	0.2052
2	0.2640	0.2678	0.2700	0.2707	0.2700	0.2681	0.2652	0.2613	0.2565
3	0.1496	0.1607	0.1710	0.1804	0.1890	0.1966	0.2033	0.2090	0.2138
4	0.0636	0.0723	0.0812	0.0902	0.0992	0.1082	0.1169	0.1254	0.1336
5	0.0216	0.0260	0.0309	0.0361	0.0417	0.0476	0.0538	0.0602	0.0668
6	0.0061	0.0078	0.0098	0.0120	0.0146	0.0174	0.0206	0.0241	0.0278
7	0.0015	0.0020	0.0027	0.0034	0.0044	0.0055	0.0068	0.0083	0.0099
8	0.0003	0.0005	0.0006	0.0009	0.0011	0.0015	0.0019	0.0025	0.0031
9	0.0001	0.0001	0.0001	0.0002	0.0003	0.0004	0.0005	0.0007	0.0009
10	0.0000	0.0000	0.0000	0.0000	0.0001	0.0001	0.0001	0.0002	0.0002
11	0.0000	0.0000	0.0000	0.0000	0.0000	0.0000	0.0000	0.0000	0.0000

9 Poissonverteilung – Wahrscheinlichkeitsfunktion

x	μ								
	2.600	2.700	2.800	2.900	3.000	3.100	3.200	3.300	3.400
0	0.0743	0.0672	0.0608	0.0550	0.0498	0.0450	0.0408	0.0369	0.0334
1	0.1931	0.1815	0.1703	0.1596	0.1494	0.1397	0.1304	0.1217	0.1135
2	0.2510	0.2450	0.2384	0.2314	0.2240	0.2165	0.2087	0.2008	0.1929
3	0.2176	0.2205	0.2225	0.2237	0.2240	0.2237	0.2226	0.2209	0.2186
4	0.1414	0.1488	0.1557	0.1622	0.1680	0.1733	0.1781	0.1823	0.1858
5	0.0735	0.0804	0.0872	0.0940	0.1008	0.1075	0.1140	0.1203	0.1264
6	0.0319	0.0362	0.0407	0.0455	0.0504	0.0555	0.0608	0.0662	0.0716
7	0.0118	0.0139	0.0163	0.0188	0.0216	0.0246	0.0278	0.0312	0.0348
8	0.0038	0.0047	0.0057	0.0068	0.0081	0.0095	0.0111	0.0129	0.0148
9	0.0011	0.0014	0.0018	0.0022	0.0027	0.0033	0.0040	0.0047	0.0056
10	0.0003	0.0004	0.0005	0.0006	0.0008	0.0010	0.0013	0.0016	0.0019
11	0.0001	0.0001	0.0001	0.0002	0.0002	0.0003	0.0004	0.0005	0.0006
12	0.0000	0.0000	0.0000	0.0000	0.0001	0.0001	0.0001	0.0001	0.0002
13	0.0000	0.0000	0.0000	0.0000	0.0000	0.0000	0.0000	0.0000	0.0000

x	μ								
	3.500	3.600	3.700	3.800	3.900	4.000	4.500	5.000	5.500
0	0.0302	0.0273	0.0247	0.0224	0.0202	0.0183	0.0111	0.0067	0.0041
1	0.1057	0.0984	0.0915	0.0850	0.0789	0.0733	0.0500	0.0337	0.0225
2	0.1850	0.1771	0.1692	0.1615	0.1539	0.1465	0.1125	0.0842	0.0618
3	0.2158	0.2125	0.2087	0.2046	0.2001	0.1954	0.1687	0.1404	0.1133
4	0.1888	0.1912	0.1931	0.1944	0.1951	0.1954	0.1898	0.1755	0.1558
5	0.1322	0.1377	0.1429	0.1477	0.1522	0.1563	0.1708	0.1755	0.1714
6	0.0771	0.0826	0.0881	0.0936	0.0989	0.1042	0.1281	0.1462	0.1571
7	0.0385	0.0425	0.0466	0.0508	0.0551	0.0595	0.0824	0.1044	0.1234
8	0.0169	0.0191	0.0215	0.0241	0.0269	0.0298	0.0463	0.0653	0.0849
9	0.0066	0.0076	0.0089	0.0102	0.0116	0.0132	0.0232	0.0363	0.0519
10	0.0023	0.0028	0.0033	0.0039	0.0045	0.0053	0.0104	0.0181	0.0285
11	0.0007	0.0009	0.0011	0.0013	0.0016	0.0019	0.0043	0.0082	0.0143
12	0.0002	0.0003	0.0003	0.0004	0.0005	0.0006	0.0016	0.0034	0.0065
13	0.0001	0.0001	0.0001	0.0001	0.0002	0.0002	0.0006	0.0013	0.0028
14	0.0000	0.0000	0.0000	0.0000	0.0000	0.0001	0.0002	0.0005	0.0011
15	0.0000	0.0000	0.0000	0.0000	0.0000	0.0000	0.0001	0.0002	0.0004
16	0.0000	0.0000	0.0000	0.0000	0.0000	0.0000	0.0000	0.0000	0.0001
17	0.0000	0.0000	0.0000	0.0000	0.0000	0.0000	0.0000	0.0000	0.0000

9 Poissonverteilung – Wahrscheinlichkeitsfunktion

x	μ								
	6.000	6.500	7.000	7.500	8.000	8.500	9.000	9.500	10.000
0	0.0025	0.0015	0.0009	0.0006	0.0003	0.0002	0.0001	0.0000	0.0000
1	0.0149	0.0098	0.0064	0.0041	0.0027	0.0017	0.0011	0.0007	0.0005
2	0.0446	0.0318	0.0223	0.0156	0.0107	0.0074	0.0050	0.0034	0.0023
3	0.0892	0.0688	0.0521	0.0389	0.0286	0.0208	0.0150	0.0107	0.0076
4	0.1339	0.1118	0.0912	0.0729	0.0573	0.0443	0.0337	0.0254	0.0189
5	0.1606	0.1454	0.1277	0.1094	0.0916	0.0752	0.0607	0.0483	0.0378
6	0.1606	0.1575	0.1490	0.1367	0.1221	0.1066	0.0911	0.0764	0.0631
7	0.1377	0.1462	0.1490	0.1465	0.1396	0.1294	0.1171	0.1037	0.0901
8	0.1033	0.1188	0.1304	0.1373	0.1396	0.1375	0.1318	0.1232	0.1126
9	0.0688	0.0858	0.1014	0.1144	0.1241	0.1299	0.1318	0.1300	0.1251
10	0.0413	0.0558	0.0710	0.0858	0.0993	0.1104	0.1186	0.1235	0.1251
11	0.0225	0.0330	0.0452	0.0585	0.0722	0.0853	0.0970	0.1067	0.1137
12	0.0113	0.0179	0.0263	0.0366	0.0481	0.0604	0.0728	0.0844	0.0948
13	0.0052	0.0089	0.0142	0.0211	0.0296	0.0395	0.0504	0.0617	0.0729
14	0.0022	0.0041	0.0071	0.0113	0.0169	0.0240	0.0324	0.0419	0.0521
15	0.0009	0.0018	0.0033	0.0057	0.0090	0.0136	0.0194	0.0265	0.0347
16	0.0003	0.0007	0.0014	0.0026	0.0045	0.0072	0.0109	0.0157	0.0217
17	0.0001	0.0003	0.0006	0.0012	0.0021	0.0036	0.0058	0.0088	0.0128
18	0.0000	0.0001	0.0002	0.0005	0.0009	0.0017	0.0029	0.0046	0.0071
19	0.0000	0.0000	0.0001	0.0002	0.0004	0.0008	0.0014	0.0023	0.0037
20	0.0000	0.0000	0.0000	0.0001	0.0002	0.0003	0.0006	0.0011	0.0019
21	0.0000	0.0000	0.0000	0.0000	0.0001	0.0001	0.0003	0.0005	0.0009
22	0.0000	0.0000	0.0000	0.0000	0.0000	0.0001	0.0001	0.0002	0.0004
23	0.0000	0.0000	0.0000	0.0000	0.0000	0.0000	0.0000	0.0001	0.0002
24	0.0000	0.0000	0.0000	0.0000	0.0000	0.0000	0.0000	0.0000	0.0001

10 Poissonverteilung – Verteilungsfunktion

$$F_P(x/\mu) = \sum_{v=0}^{x} \frac{\mu^v e^{-\mu}}{v!} \qquad (e = 2.71828\ldots)$$

x	μ								
	0.005	0.010	0.020	0.030	0.040	0.050	0.060	0.070	0.080
0	0.9950	0.9900	0.9802	0.9704	0.9608	0.9512	0.9418	0.9324	0.9231
1	1.0000	1.0000	0.9998	0.9996	0.9992	0.9988	0.9983	0.9977	0.9970
2	1.0000	1.0000	1.0000	1.0000	1.0000	1.0000	1.0000	0.9999	0.9999
3	1.0000	1.0000	1.0000	1.0000	1.0000	1.0000	1.0000	1.0000	1.0000

x	μ								
	0.090	0.100	0.150	0.200	0.300	0.400	0.500	0.600	0.700
0	0.9139	0.9048	0.8607	0.8187	0.7408	0.6703	0.6065	0.5488	0.4966
1	0.9962	0.9953	0.9898	0.9825	0.9631	0.9384	0.9098	0.8781	0.8442
2	0.9999	0.9998	0.9995	0.9989	0.9964	0.9921	0.9856	0.9769	0.9659
3	1.0000	1.0000	1.0000	0.9999	0.9997	0.9992	0.9982	0.9966	0.9942
4	1.0000	1.0000	1.0000	1.0000	1.0000	0.9999	0.9998	0.9996	0.9992
5	1.0000	1.0000	1.0000	1.0000	1.0000	1.0000	1.0000	1.0000	0.9999
6	1.0000	1.0000	1.0000	1.0000	1.0000	1.0000	1.0000	1.0000	1.0000

x	μ								
	0.800	0.900	1.000	1.100	1.200	1.300	1.400	1.500	1.600
0	0.4493	0.4066	0.3679	0.3329	0.3012	0.2725	0.2466	0.2231	0.2019
1	0.8088	0.7725	0.7358	0.6990	0.6626	0.6268	0.5918	0.5578	0.5249
2	0.9526	0.9371	0.9197	0.9004	0.8795	0.8571	0.8335	0.8088	0.7834
3	0.9909	0.9865	0.9810	0.9743	0.9662	0.9569	0.9463	0.9344	0.9212
4	0.9986	0.9977	0.9963	0.9946	0.9923	0.9893	0.9857	0.9814	0.9763
5	0.9998	0.9997	0.9994	0.9990	0.9985	0.9978	0.9968	0.9955	0.9940
6	1.0000	1.0000	0.9999	0.9999	0.9997	0.9996	0.9994	0.9991	0.9987
7	1.0000	1.0000	1.0000	1.0000	1.0000	0.9999	0.9999	0.9998	0.9997
8	1.0000	1.0000	1.0000	1.0000	1.0000	1.0000	1.0000	1.0000	1.0000

x	μ								
	1.700	1.800	1.900	2.000	2.100	2.200	2.300	2.400	2.500
0	0.1827	0.1653	0.1496	0.1353	0.1225	0.1108	0.1003	0.0907	0.0821
1	0.4932	0.4628	0.4337	0.4060	0.3796	0.3546	0.3309	0.3084	0.2873
2	0.7572	0.7306	0.7037	0.6767	0.6496	0.6227	0.5960	0.5697	0.5438
3	0.9068	0.8913	0.8747	0.8571	0.8386	0.8194	0.7993	0.7787	0.7576
4	0.9704	0.9636	0.9559	0.9473	0.9379	0.9275	0.9162	0.9041	0.8912
5	0.9920	0.9896	0.9868	0.9834	0.9796	0.9751	0.9700	0.9643	0.9580
6	0.9981	0.9974	0.9966	0.9955	0.9941	0.9925	0.9906	0.9884	0.9858
7	0.9996	0.9994	0.9992	0.9989	0.9985	0.9980	0.9974	0.9967	0.9958
8	0.9999	0.9999	0.9998	0.9998	0.9997	0.9995	0.9994	0.9991	0.9989
9	1.0000	1.0000	1.0000	1.0000	0.9999	0.9999	0.9999	0.9998	0.9997
10	1.0000	1.0000	1.0000	1.0000	1.0000	1.0000	1.0000	1.0000	0.9999
11	1.0000	1.0000	1.0000	1.0000	1.0000	1.0000	1.0000	1.0000	1.0000

x	μ								
	2.600	2.700	2.800	2.900	3.000	3.100	3.200	3.300	3.400
0	0.0743	0.0672	0.0608	0.0550	0.0498	0.0450	0.0408	0.0369	0.0334
1	0.2674	0.2487	0.2311	0.2146	0.1991	0.1847	0.1712	0.1586	0.1468
2	0.5184	0.4936	0.4695	0.4460	0.4232	0.4012	0.3799	0.3594	0.3397
3	0.7360	0.7141	0.6919	0.6696	0.6472	0.6248	0.6025	0.5803	0.5584
4	0.8774	0.8629	0.8477	0.8318	0.8153	0.7982	0.7806	0.7626	0.7442
5	0.9510	0.9433	0.9349	0.9258	0.9161	0.9057	0.8946	0.8829	0.8705
6	0.9828	0.9794	0.9756	0.9713	0.9665	0.9612	0.9554	0.9490	0.9421
7	0.9947	0.9934	0.9919	0.9901	0.9881	0.9858	0.9832	0.9802	0.9769
8	0.9985	0.9981	0.9976	0.9969	0.9962	0.9953	0.9943	0.9931	0.9917
9	0.9996	0.9995	0.9993	0.9991	0.9989	0.9986	0.9982	0.9978	0.9973
10	0.9999	0.9999	0.9998	0.9998	0.9997	0.9996	0.9995	0.9994	0.9992
11	1.0000	1.0000	1.0000	0.9999	0.9999	0.9999	0.9999	0.9998	0.9998
12	1.0000	1.0000	1.0000	1.0000	1.0000	1.0000	1.0000	1.0000	0.9999
13	1.0000	1.0000	1.0000	1.0000	1.0000	1.0000	1.0000	1.0000	1.0000

x	μ								
	3.500	3.600	3.700	3.800	3.900	4.000	4.500	5.000	5.500
0	0.0302	0.0273	0.0247	0.0224	0.0202	0.0183	0.0111	0.0067	0.0041
1	0.1359	0.1257	0.1162	0.1074	0.0992	0.0916	0.0611	0.0404	0.0266
2	0.3208	0.3027	0.2854	0.2689	0.2531	0.2381	0.1736	0.1247	0.0884
3	0.5366	0.5152	0.4942	0.4735	0.4532	0.4335	0.3423	0.2650	0.2017
4	0.7254	0.7064	0.6872	0.6678	0.6484	0.6288	0.5321	0.4405	0.3575
5	0.8576	0.8441	0.8301	0.8156	0.8006	0.7851	0.7029	0.6160	0.5289
6	0.9347	0.9267	0.9182	0.9091	0.8995	0.8893	0.8311	0.7622	0.6860
7	0.9733	0.9692	0.9648	0.9599	0.9546	0.9489	0.9134	0.8666	0.8095
8	0.9901	0.9883	0.9863	0.9840	0.9815	0.9786	0.9597	0.9319	0.8944
9	0.9967	0.9960	0.9952	0.9942	0.9931	0.9919	0.9829	0.9682	0.9462
10	0.9990	0.9987	0.9984	0.9981	0.9977	0.9972	0.9933	0.9863	0.9747
11	0.9997	0.9996	0.9995	0.9994	0.9993	0.9991	0.9976	0.9945	0.9890
12	0.9999	0.9999	0.9999	0.9998	0.9998	0.9997	0.9992	0.9980	0.9955
13	1.0000	1.0000	1.0000	1.0000	0.9999	0.9999	0.9997	0.9993	0.9983
14	1.0000	1.0000	1.0000	1.0000	1.0000	1.0000	0.9999	0.9998	0.9994
15	1.0000	1.0000	1.0000	1.0000	1.0000	1.0000	1.0000	0.9999	0.9998
16	1.0000	1.0000	1.0000	1.0000	1.0000	1.0000	1.0000	1.0000	0.9999
17	1.0000	1.0000	1.0000	1.0000	1.0000	1.0000	1.0000	1.0000	1.0000

10 Poissonverteilung – Verteilungsfunktion

x	μ								
	6.000	6.500	7.000	7.500	8.000	8.500	9.000	9.500	10.000
0	0.0025	0.0015	0.0009	0.0006	0.0003	0.0002	0.0001	0.0000	0.0000
1	0.0174	0.0113	0.0073	0.0047	0.0030	0.0019	0.0012	0.0008	0.0005
2	0.0620	0.0430	0.0296	0.0203	0.0138	0.0093	0.0062	0.0042	0.0028
3	0.1512	0.1118	0.0818	0.0591	0.0424	0.0301	0.0212	0.0149	0.0103
4	0.2851	0.2237	0.1730	0.1321	0.0996	0.0744	0.0550	0.0403	0.0293
5	0.4457	0.3690	0.3007	0.2414	0.1912	0.1496	0.1157	0.0885	0.0671
6	0.6063	0.5265	0.4497	0.3782	0.3134	0.2562	0.2068	0.1649	0.1301
7	0.7440	0.6728	0.5987	0.5246	0.4530	0.3856	0.3239	0.2687	0.2202
8	0.8472	0.7916	0.7291	0.6620	0.5925	0.5231	0.4557	0.3918	0.3328
9	0.9161	0.8774	0.8305	0.7764	0.7166	0.6530	0.5874	0.5218	0.4579
10	0.9574	0.9332	0.9015	0.8622	0.8159	0.7634	0.7060	0.6453	0.5830
11	0.9799	0.9661	0.9467	0.9208	0.8881	0.8487	0.8030	0.7520	0.6968
12	0.9912	0.9840	0.9730	0.9573	0.9362	0.9091	0.8758	0.8364	0.7916
13	0.9964	0.9929	0.9872	0.9784	0.9658	0.9486	0.9261	0.8981	0.8645
14	0.9986	0.9970	0.9943	0.9897	0.9827	0.9726	0.9585	0.9400	0.9165
15	0.9995	0.9988	0.9976	0.9954	0.9918	0.9862	0.9780	0.9665	0.9513
16	0.9998	0.9996	0.9990	0.9980	0.9963	0.9934	0.9889	0.9823	0.9730
17	0.9999	0.9998	0.9996	0.9992	0.9984	0.9970	0.9947	0.9911	0.9857
18	1.0000	0.9999	0.9999	0.9997	0.9993	0.9987	0.9976	0.9957	0.9928
19	1.0000	1.0000	1.0000	0.9999	0.9997	0.9995	0.9989	0.9980	0.9965
20	1.0000	1.0000	1.0000	1.0000	0.9999	0.9998	0.9996	0.9991	0.9984
21	1.0000	1.0000	1.0000	1.0000	1.0000	0.9999	0.9998	0.9996	0.9993
22	1.0000	1.0000	1.0000	1.0000	1.0000	1.0000	0.9999	0.9999	0.9997
23	1.0000	1.0000	1.0000	1.0000	1.0000	1.0000	1.0000	0.9999	0.9999
24	1.0000	1.0000	1.0000	1.0000	1.0000	1.0000	1.0000	1.0000	1.0000

11 Standardnormalverteilung – Wahrscheinlichkeitsdichte

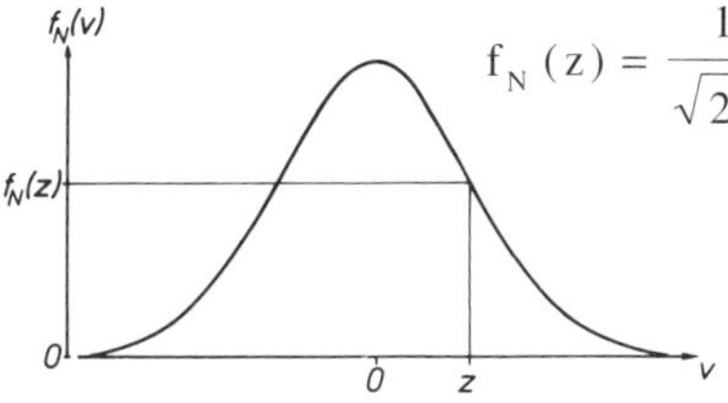

$$f_N(z) = \frac{1}{\sqrt{2\pi}}\, e^{-z^2/2} \qquad (-\infty < z < +\infty)$$

($\pi = 3.14159\ldots$ und $e = 2.71828\ldots$)

Es gilt:
$f_N(-z) = f_N(z)$.

Z	0	1	2	3	4	5	6	7	8	9
0.0	0.3989	0.3989	0.3989	0.3988	0.3986	0.3984	0.3982	0.3980	0.3977	0.3973
0.1	0.3970	0.3965	0.3961	0.3956	0.3951	0.3945	0.3939	0.3932	0.3925	0.3918
0.2	0.3910	0.3902	0.3894	0.3885	0.3876	0.3867	0.3857	0.3847	0.3836	0.3825
0.3	0.3814	0.3802	0.3790	0.3778	0.3765	0.3752	0.3739	0.3725	0.3712	0.3697
0.4	0.3683	0.3668	0.3653	0.3637	0.3621	0.3605	0.3589	0.3572	0.3555	0.3538
0.5	0.3521	0.3503	0.3485	0.3467	0.3448	0.3429	0.3410	0.3391	0.3372	0.3352
0.6	0.3332	0.3312	0.3292	0.3271	0.3251	0.3230	0.3209	0.3187	0.3166	0.3144
0.7	0.3123	0.3101	0.3079	0.3056	0.3034	0.3011	0.2989	0.2966	0.2943	0.2920
0.8	0.2897	0.2874	0.2850	0.2827	0.2803	0.2780	0.2756	0.2732	0.2709	0.2685
0.9	0.2661	0.2637	0.2613	0.2589	0.2565	0.2541	0.2516	0.2492	0.2468	0.2444
1.0	0.2420	0.2396	0.2371	0.2347	0.2323	0.2299	0.2275	0.2251	0.2227	0.2203
1.1	0.2179	0.2155	0.2131	0.2107	0.2083	0.2059	0.2036	0.2012	0.1989	0.1965
1.2	0.1942	0.1919	0.1895	0.1872	0.1849	0.1826	0.1804	0.1781	0.1758	0.1736
1.3	0.1714	0.1691	0.1669	0.1647	0.1626	0.1604	0.1582	0.1561	0.1539	0.1518
1.4	0.1497	0.1476	0.1456	0.1435	0.1415	0.1394	0.1374	0.1354	0.1334	0.1315
1.5	0.1295	0.1276	0.1257	0.1238	0.1219	0.1200	0.1182	0.1163	0.1145	0.1127
1.6	0.1109	0.1092	0.1074	0.1057	0.1040	0.1023	0.1006	0.0989	0.0973	0.0957
1.7	0.0940	0.0925	0.0909	0.0893	0.0878	0.0863	0.0848	0.0833	0.0818	0.0804
1.8	0.0790	0.0775	0.0761	0.0748	0.0734	0.0721	0.0707	0.0694	0.0681	0.0669
1.9	0.0656	0.0644	0.0632	0.0620	0.0608	0.0596	0.0584	0.0573	0.0562	0.0551
2.0	0.0540	0.0529	0.0519	0.0508	0.0498	0.0488	0.0478	0.0468	0.0459	0.0449
2.1	0.0440	0.0431	0.0422	0.0413	0.0404	0.0396	0.0387	0.0379	0.0371	0.0363
2.2	0.0355	0.0347	0.0339	0.0332	0.0325	0.0317	0.0310	0.0303	0.0297	0.0290
2.3	0.0283	0.0277	0.0270	0.0264	0.0258	0.0252	0.0246	0.0241	0.0235	0.0229
2.4	0.0224	0.0219	0.0213	0.0208	0.0203	0.0198	0.0194	0.0189	0.0184	0.0180
2.5	0.0175	0.0171	0.0167	0.0163	0.0158	0.0154	0.0151	0.0147	0.0143	0.0139
2.6	0.0136	0.0132	0.0129	0.0126	0.0122	0.0119	0.0116	0.0113	0.0110	0.0107
2.7	0.0104	0.0101	0.0099	0.0096	0.0093	0.0091	0.0088	0.0086	0.0084	0.0081
2.8	0.0079	0.0077	0.0075	0.0073	0.0071	0.0069	0.0067	0.0065	0.0063	0.0061
2.9	0.0060	0.0058	0.0056	0.0055	0.0053	0.0051	0.0050	0.0048	0.0047	0.0046
3.0	0.0044	0.0043	0.0042	0.0040	0.0039	0.0038	0.0037	0.0036	0.0035	0.0034
3.1	0.0033	0.0032	0.0031	0.0030	0.0029	0.0028	0.0027	0.0026	0.0025	0.0025
3.2	0.0024	0.0023	0.0022	0.0022	0.0021	0.0020	0.0020	0.0019	0.0018	0.0018
3.3	0.0017	0.0017	0.0016	0.0016	0.0015	0.0015	0.0014	0.0014	0.0013	0.0013
3.4	0.0012	0.0012	0.0012	0.0011	0.0011	0.0010	0.0010	0.0010	0.0009	0.0009
3.5	0.0009	0.0008	0.0008	0.0008	0.0008	0.0007	0.0007	0.0007	0.0007	0.0006
3.6	0.0006	0.0006	0.0006	0.0005	0.0005	0.0005	0.0005	0.0005	0.0005	0.0004
3.7	0.0004	0.0004	0.0004	0.0004	0.0004	0.0004	0.0003	0.0003	0.0003	0.0003
3.8	0.0003	0.0003	0.0003	0.0003	0.0003	0.0002	0.0002	0.0002	0.0002	0.0002
3.9	0.0002	0.0002	0.0002	0.0002	0.0002	0.0002	0.0002	0.0002	0.0001	0.0001

12 Standardnormalverteilung – Verteilungsfunktion

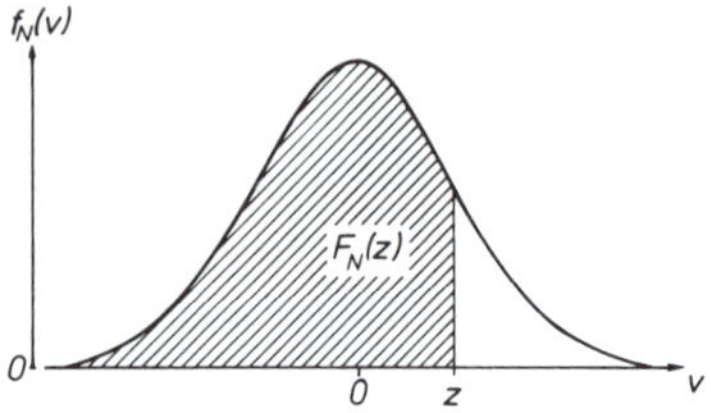

$$F_N(z) = \int_{-\infty}^{z} \frac{1}{\sqrt{2\pi}} e^{-v^2/2}\, dv$$

($\pi = 3.14159\ldots$ und $e = 2.71828\ldots$)

Es gilt:
$F_N(-z) = 1 - F_N(z)$.

Z	0	1	2	3	4	5	6	7	8	9
0.00	0.5000	0.5004	0.5008	0.5012	0.5016	0.5020	0.5024	0.5028	0.5032	0.5036
0.01	0.5040	0.5044	0.5048	0.5052	0.5056	0.5060	0.5064	0.5068	0.5072	0.5076
0.02	0.5080	0.5084	0.5088	0.5092	0.5096	0.5100	0.5104	0.5108	0.5112	0.5116
0.03	0.5120	0.5124	0.5128	0.5132	0.5136	0.5140	0.5144	0.5148	0.5152	0.5156
0.04	0.5160	0.5164	0.5168	0.5171	0.5175	0.5179	0.5183	0.5187	0.5191	0.5195
0.05	0.5199	0.5203	0.5207	0.5211	0.5215	0.5219	0.5223	0.5227	0.5231	0.5235
0.06	0.5239	0.5243	0.5247	0.5251	0.5255	0.5259	0.5263	0.5267	0.5271	0.5275
0.07	0.5279	0.5283	0.5287	0.5291	0.5295	0.5299	0.5303	0.5307	0.5311	0.5315
0.08	0.5319	0.5323	0.5327	0.5331	0.5335	0.5339	0.5343	0.5347	0.5351	0.5355
0.09	0.5359	0.5363	0.5367	0.5370	0.5374	0.5378	0.5382	0.5386	0.5390	0.5394
0.10	0.5398	0.5402	0.5406	0.5410	0.5414	0.5418	0.5422	0.5426	0.5430	0.5434
0.11	0.5438	0.5442	0.5446	0.5450	0.5454	0.5458	0.5462	0.5466	0.5470	0.5474
0.12	0.5478	0.5482	0.5486	0.5489	0.5493	0.5497	0.5501	0.5505	0.5509	0.5513
0.13	0.5517	0.5521	0.5525	0.5529	0.5533	0.5537	0.5541	0.5545	0.5549	0.5553
0.14	0.5557	0.5561	0.5565	0.5569	0.5572	0.5576	0.5580	0.5584	0.5588	0.5592
0.15	0.5596	0.5600	0.5604	0.5608	0.5612	0.5616	0.5620	0.5624	0.5628	0.5632
0.16	0.5636	0.5640	0.5643	0.5647	0.5651	0.5655	0.5659	0.5663	0.5667	0.5671
0.17	0.5675	0.5679	0.5683	0.5687	0.5691	0.5695	0.5699	0.5702	0.5706	0.5710
0.18	0.5714	0.5718	0.5722	0.5726	0.5730	0.5734	0.5738	0.5742	0.5746	0.5750
0.19	0.5753	0.5757	0.5761	0.5765	0.5769	0.5773	0.5777	0.5781	0.5785	0.5789
0.20	0.5793	0.5797	0.5800	0.5804	0.5808	0.5812	0.5816	0.5820	0.5824	0.5828
0.21	0.5832	0.5836	0.5839	0.5843	0.5847	0.5851	0.5855	0.5859	0.5863	0.5867
0.22	0.5871	0.5875	0.5878	0.5882	0.5886	0.5890	0.5894	0.5898	0.5902	0.5906
0.23	0.5910	0.5913	0.5917	0.5921	0.5925	0.5929	0.5933	0.5937	0.5941	0.5944
0.24	0.5948	0.5952	0.5956	0.5960	0.5964	0.5968	0.5972	0.5975	0.5979	0.5983
0.25	0.5987	0.5991	0.5995	0.5999	0.6003	0.6006	0.6010	0.6014	0.6018	0.6022
0.26	0.6026	0.6030	0.6033	0.6037	0.6041	0.6045	0.6049	0.6053	0.6057	0.6060
0.27	0.6064	0.6068	0.6072	0.6076	0.6080	0.6083	0.6087	0.6091	0.6095	0.6099
0.28	0.6103	0.6106	0.6110	0.6114	0.6118	0.6122	0.6126	0.6129	0.6133	0.6137
0.29	0.6141	0.6145	0.6149	0.6152	0.6156	0.6160	0.6164	0.6168	0.6171	0.6175
0.30	0.6179	0.6183	0.6187	0.6191	0.6194	0.6198	0.6202	0.6206	0.6210	0.6213
0.31	0.6217	0.6221	0.6225	0.6229	0.6232	0.6236	0.6240	0.6244	0.6248	0.6251
0.32	0.6255	0.6259	0.6263	0.6267	0.6270	0.6274	0.6278	0.6282	0.6285	0.6289
0.33	0.6293	0.6297	0.6301	0.6304	0.6308	0.6312	0.6316	0.6319	0.6323	0.6327
0.34	0.6331	0.6334	0.6338	0.6342	0.6346	0.6350	0.6353	0.6357	0.6361	0.6365

12 Standardnormalverteilung – Verteilungsfunktion

Z	0	1	2	3	4	5	6	7	8	9
0.35	0.6368	0.6372	0.6376	0.6380	0.6383	0.6387	0.6391	0.6395	0.6398	0.6402
0.36	0.6406	0.6410	0.6413	0.6417	0.6421	0.6424	0.6428	0.6432	0.6436	0.6439
0.37	0.6443	0.6447	0.6451	0.6454	0.6458	0.6462	0.6465	0.6469	0.6473	0.6477
0.38	0.6480	0.6484	0.6488	0.6491	0.6495	0.6499	0.6503	0.6506	0.6510	0.6514
0.39	0.6517	0.6521	0.6525	0.6528	0.6532	0.6536	0.6539	0.6543	0.6547	0.6551
0.40	0.6554	0.6558	0.6562	0.6565	0.6569	0.6573	0.6576	0.6580	0.6584	0.6587
0.41	0.6591	0.6595	0.6598	0.6602	0.6606	0.6609	0.6613	0.6617	0.6620	0.6624
0.42	0.6628	0.6631	0.6635	0.6639	0.6642	0.6646	0.6649	0.6653	0.6657	0.6660
0.43	0.6664	0.6668	0.6671	0.6675	0.6679	0.6682	0.6686	0.6689	0.6693	0.6697
0.44	0.6700	0.6704	0.6708	0.6711	0.6715	0.6718	0.6722	0.6726	0.6729	0.6733
0.45	0.6736	0.6740	0.6744	0.6747	0.6751	0.6754	0.6758	0.6762	0.6765	0.6769
0.46	0.6772	0.6776	0.6780	0.6783	0.6787	0.6790	0.6794	0.6798	0.6801	0.6805
0.47	0.6808	0.6812	0.6815	0.6819	0.6823	0.6826	0.6830	0.6833	0.6837	0.6840
0.48	0.6844	0.6847	0.6851	0.6855	0.6858	0.6862	0.6865	0.6869	0.6872	0.6876
0.49	0.6879	0.6883	0.6886	0.6890	0.6893	0.6897	0.6901	0.6904	0.6908	0.6911
0.50	0.6915	0.6918	0.6922	0.6925	0.6929	0.6932	0.6936	0.6939	0.6943	0.6946
0.51	0.6950	0.6953	0.6957	0.6960	0.6964	0.6967	0.6971	0.6974	0.6978	0.6981
0.52	0.6985	0.6988	0.6992	0.6995	0.6999	0.7002	0.7006	0.7009	0.7013	0.7016
0.53	0.7019	0.7023	0.7026	0.7030	0.7033	0.7037	0.7040	0.7044	0.7047	0.7051
0.54	0.7054	0.7057	0.7061	0.7064	0.7068	0.7071	0.7075	0.7078	0.7082	0.7085
0.55	0.7088	0.7092	0.7095	0.7099	0.7102	0.7106	0.7109	0.7112	0.7116	0.7119
0.56	0.7123	0.7126	0.7129	0.7133	0.7136	0.7140	0.7143	0.7146	0.7150	0.7153
0.57	0.7157	0.7160	0.7163	0.7167	0.7170	0.7174	0.7177	0.7180	0.7184	0.7187
0.58	0.7190	0.7194	0.7197	0.7201	0.7204	0.7207	0.7211	0.7214	0.7217	0.7221
0.59	0.7224	0.7227	0.7231	0.7234	0.7237	0.7241	0.7244	0.7247	0.7251	0.7254
0.60	0.7257	0.7261	0.7264	0.7267	0.7271	0.7274	0.7277	0.7281	0.7284	0.7287
0.61	0.7291	0.7294	0.7297	0.7301	0.7304	0.7307	0.7311	0.7314	0.7317	0.7320
0.62	0.7324	0.7327	0.7330	0.7334	0.7337	0.7340	0.7343	0.7347	0.7350	0.7353
0.63	0.7357	0.7360	0.7363	0.7366	0.7370	0.7373	0.7376	0.7379	0.7383	0.7386
0.64	0.7389	0.7392	0.7396	0.7399	0.7402	0.7405	0.7409	0.7412	0.7415	0.7418
0.65	0.7422	0.7425	0.7428	0.7431	0.7434	0.7438	0.7441	0.7444	0.7447	0.7451
0.66	0.7454	0.7457	0.7460	0.7463	0.7467	0.7470	0.7473	0.7476	0.7479	0.7483
0.67	0.7486	0.7489	0.7492	0.7495	0.7498	0.7502	0.7505	0.7508	0.7511	0.7514
0.68	0.7517	0.7521	0.7524	0.7527	0.7530	0.7533	0.7536	0.7540	0.7543	0.7546
0.69	0.7549	0.7552	0.7555	0.7558	0.7562	0.7565	0.7568	0.7571	0.7574	0.7577
0.70	0.7580	0.7583	0.7587	0.7590	0.7593	0.7596	0.7599	0.7602	0.7605	0.7608
0.71	0.7611	0.7615	0.7618	0.7621	0.7624	0.7627	0.7630	0.7633	0.7636	0.7639
0.72	0.7642	0.7645	0.7649	0.7652	0.7655	0.7658	0.7661	0.7664	0.7667	0.7670
0.73	0.7673	0.7676	0.7679	0.7682	0.7685	0.7688	0.7691	0.7694	0.7697	0.7700
0.74	0.7704	0.7707	0.7710	0.7713	0.7716	0.7719	0.7722	0.7725	0.7728	0.7731
0.75	0.7734	0.7737	0.7740	0.7743	0.7746	0.7749	0.7752	0.7755	0.7758	0.7761
0.76	0.7764	0.7767	0.7770	0.7773	0.7776	0.7779	0.7782	0.7785	0.7788	0.7791
0.77	0.7794	0.7796	0.7799	0.7802	0.7805	0.7808	0.7811	0.7814	0.7817	0.7820
0.78	0.7823	0.7826	0.7829	0.7832	0.7835	0.7838	0.7841	0.7844	0.7847	0.7849
0.79	0.7852	0.7855	0.7858	0.7861	0.7864	0.7867	0.7870	0.7873	0.7876	0.7879
0.80	0.7881	0.7884	0.7887	0.7890	0.7893	0.7896	0.7899	0.7902	0.7905	0.7907
0.81	0.7910	0.7913	0.7916	0.7919	0.7922	0.7925	0.7927	0.7930	0.7933	0.7936
0.82	0.7939	0.7942	0.7945	0.7947	0.7950	0.7953	0.7956	0.7959	0.7962	0.7964
0.83	0.7967	0.7970	0.7973	0.7976	0.7979	0.7981	0.7984	0.7987	0.7990	0.7993
0.84	0.7995	0.7998	0.8001	0.8004	0.8007	0.8009	0.8012	0.8015	0.8018	0.8021

12 Standardnormalverteilung – Verteilungsfunktion

Z	0	1	2	3	4	5	6	7	8	9
0.85	0.8023	0.8026	0.8029	0.8032	0.8034	0.8037	0.8040	0.8043	0.8046	0.8048
0.86	0.8051	0.8054	0.8057	0.8059	0.8062	0.8065	0.8068	0.8070	0.8073	0.8076
0.87	0.8078	0.8081	0.8084	0.8087	0.8089	0.8092	0.8095	0.8098	0.8100	0.8103
0.88	0.8106	0.8108	0.8111	0.8114	0.8117	0.8119	0.8122	0.8125	0.8127	0.8130
0.89	0.8133	0.8135	0.8138	0.8141	0.8143	0.8146	0.8149	0.8151	0.8154	0.8157
0.90	0.8159	0.8162	0.8165	0.8167	0.8170	0.8173	0.8175	0.8178	0.8181	0.8183
0.91	0.8186	0.8189	0.8191	0.8194	0.8196	0.8199	0.8202	0.8204	0.8207	0.8210
0.92	0.8212	0.8215	0.8217	0.8220	0.8223	0.8225	0.8228	0.8230	0.8233	0.8236
0.93	0.8238	0.8241	0.8243	0.8246	0.8248	0.8251	0.8254	0.8256	0.8259	0.8261
0.94	0.8264	0.8266	0.8269	0.8272	0.8274	0.8277	0.8279	0.8282	0.8284	0.8287
0.95	0.8289	0.8292	0.8295	0.8297	0.8300	0.8302	0.8305	0.8307	0.8310	0.8312
0.96	0.8315	0.8317	0.8320	0.8322	0.8325	0.8327	0.8330	0.8332	0.8335	0.8337
0.97	0.8340	0.8342	0.8345	0.8347	0.8350	0.8352	0.8355	0.8357	0.8360	0.8362
0.98	0.8365	0.8367	0.8370	0.8372	0.8374	0.8377	0.8379	0.8382	0.8384	0.8387
0.99	0.8389	0.8392	0.8394	0.8396	0.8399	0.8401	0.8404	0.8406	0.8409	0.8411
1.00	0.8413	0.8416	0.8418	0.8421	0.8423	0.8426	0.8428	0.8430	0.8433	0.8435
1.01	0.8438	0.8440	0.8442	0.8445	0.8447	0.8449	0.8452	0.8454	0.8457	0.8459
1.02	0.8461	0.8464	0.8466	0.8468	0.8471	0.8473	0.8476	0.8478	0.8480	0.8483
1.03	0.8485	0.8487	0.8490	0.8492	0.8494	0.8497	0.8499	0.8501	0.8504	0.8506
1.04	0.8508	0.8511	0.8513	0.8515	0.8518	0.8520	0.8522	0.8525	0.8527	0.8529
1.05	0.8531	0.8534	0.8536	0.8538	0.8541	0.8543	0.8545	0.8547	0.8550	0.8552
1.06	0.8554	0.8557	0.8559	0.8561	0.8563	0.8566	0.8568	0.8570	0.8572	0.8575
1.07	0.8577	0.8579	0.8581	0.8584	0.8586	0.8588	0.8590	0.8593	0.8595	0.8597
1.08	0.8599	0.8602	0.8604	0.8606	0.8608	0.8610	0.8613	0.8615	0.8617	0.8619
1.09	0.8621	0.8624	0.8626	0.8628	0.8630	0.8632	0.8635	0.8637	0.8639	0.8641
1.10	0.8643	0.8646	0.8648	0.8650	0.8652	0.8654	0.8656	0.8659	0.8661	0.8663
1.11	0.8665	0.8667	0.8669	0.8671	0.8674	0.8676	0.8678	0.8680	0.8682	0.8684
1.12	0.8686	0.8689	0.8691	0.8693	0.8695	0.8697	0.8699	0.8701	0.8703	0.8706
1.13	0.8708	0.8710	0.8712	0.8714	0.8716	0.8718	0.8720	0.8722	0.8724	0.8726
1.14	0.8729	0.8731	0.8733	0.8735	0.8737	0.8739	0.8741	0.8743	0.8745	0.8747
1.15	0.8749	0.8751	0.8753	0.8755	0.8757	0.8760	0.8762	0.8764	0.8766	0.8768
1.16	0.8770	0.8772	0.8774	0.8776	0.8778	0.8780	0.8782	0.8784	0.8786	0.8788
1.17	0.8790	0.8792	0.8794	0.8796	0.8798	0.8800	0.8802	0.8804	0.8806	0.8808
1.18	0.8810	0.8812	0.8814	0.8816	0.8818	0.8820	0.8822	0.8824	0.8826	0.8828
1.19	0.8830	0.8832	0.8834	0.8836	0.8838	0.8840	0.8842	0.8843	0.8845	0.8847
1.20	0.8849	0.8851	0.8853	0.8855	0.8857	0.8859	0.8861	0.8863	0.8865	0.8867
1.21	0.8869	0.8871	0.8872	0.8874	0.8876	0.8878	0.8880	0.8882	0.8884	0.8886
1.22	0.8888	0.8890	0.8891	0.8893	0.8895	0.8897	0.8899	0.8901	0.8903	0.8905
1.23	0.8907	0.8908	0.8910	0.8912	0.8914	0.8916	0.8918	0.8920	0.8921	0.8923
1.24	0.8925	0.8927	0.8929	0.8931	0.8933	0.8934	0.8936	0.8938	0.8940	0.8942
1.25	0.8944	0.8945	0.8947	0.8949	0.8951	0.8953	0.8954	0.8956	0.8958	0.8960
1.26	0.8962	0.8963	0.8965	0.8967	0.8969	0.8971	0.8972	0.8974	0.8976	0.8978
1.27	0.8980	0.8981	0.8983	0.8985	0.8987	0.8988	0.8990	0.8992	0.8994	0.8996
1.28	0.8997	0.8999	0.9001	0.9003	0.9004	0.9006	0.9008	0.9010	0.9011	0.9013
1.29	0.9015	0.9016	0.9018	0.9020	0.9022	0.9023	0.9025	0.9027	0.9029	0.9030
1.30	0.9032	0.9034	0.9035	0.9037	0.9039	0.9041	0.9042	0.9044	0.9046	0.9047
1.31	0.9049	0.9051	0.9052	0.9054	0.9056	0.9057	0.9059	0.9061	0.9062	0.9064
1.32	0.9066	0.9067	0.9069	0.9071	0.9072	0.9074	0.9076	0.9077	0.9079	0.9081
1.33	0.9082	0.9084	0.9086	0.9087	0.9089	0.9091	0.9092	0.9094	0.9096	0.9097
1.34	0.9099	0.9100	0.9102	0.9104	0.9105	0.9107	0.9108	0.9110	0.9112	0.9113

Z	0	1	2	3	4	5	6	7	8	9
1.35	0.9115	0.9117	0.9118	0.9120	0.9121	0.9123	0.9125	0.9126	0.9128	0.9129
1.36	0.9131	0.9132	0.9134	0.9136	0.9137	0.9139	0.9140	0.9142	0.9143	0.9145
1.37	0.9147	0.9148	0.9150	0.9151	0.9153	0.9154	0.9156	0.9157	0.9159	0.9161
1.38	0.9162	0.9164	0.9165	0.9167	0.9168	0.9170	0.9171	0.9173	0.9174	0.9176
1.39	0.9177	0.9179	0.9180	0.9182	0.9183	0.9185	0.9186	0.9188	0.9189	0.9191
1.40	0.9192	0.9194	0.9195	0.9197	0.9198	0.9200	0.9201	0.9203	0.9204	0.9206
1.41	0.9207	0.9209	0.9210	0.9212	0.9213	0.9215	0.9216	0.9218	0.9219	0.9221
1.42	0.9222	0.9223	0.9225	0.9226	0.9228	0.9229	0.9231	0.9232	0.9234	0.9235
1.43	0.9236	0.9238	0.9239	0.9241	0.9242	0.9244	0.9245	0.9246	0.9248	0.9249
1.44	0.9251	0.9252	0.9253	0.9255	0.9256	0.9258	0.9259	0.9261	0.9262	0.9263
1.45	0.9265	0.9266	0.9267	0.9269	0.9270	0.9272	0.9273	0.9274	0.9276	0.9277
1.46	0.9279	0.9280	0.9281	0.9283	0.9284	0.9285	0.9287	0.9288	0.9289	0.9291
1.47	0.9292	0.9294	0.9295	0.9296	0.9298	0.9299	0.9300	0.9302	0.9303	0.9304
1.48	0.9306	0.9307	0.9308	0.9310	0.9311	0.9312	0.9314	0.9315	0.9316	0.9318
1.49	0.9319	0.9320	0.9322	0.9323	0.9324	0.9325	0.9327	0.9328	0.9329	0.9331
1.50	0.9332	0.9333	0.9335	0.9336	0.9337	0.9338	0.9340	0.9341	0.9342	0.9344
1.51	0.9345	0.9346	0.9347	0.9349	0.9350	0.9351	0.9352	0.9354	0.9355	0.9356
1.52	0.9357	0.9359	0.9360	0.9361	0.9362	0.9364	0.9365	0.9366	0.9367	0.9369
1.53	0.9370	0.9371	0.9372	0.9374	0.9375	0.9376	0.9377	0.9379	0.9380	0.9381
1.54	0.9382	0.9383	0.9385	0.9386	0.9387	0.9388	0.9389	0.9391	0.9392	0.9393
1.55	0.9394	0.9395	0.9397	0.9398	0.9399	0.9400	0.9401	0.9403	0.9404	0.9405
1.56	0.9406	0.9407	0.9409	0.9410	0.9411	0.9412	0.9413	0.9414	0.9416	0.9417
1.57	0.9418	0.9419	0.9420	0.9421	0.9423	0.9424	0.9425	0.9426	0.9427	0.9428
1.58	0.9429	0.9431	0.9432	0.9433	0.9434	0.9435	0.9436	0.9437	0.9439	0.9440
1.59	0.9441	0.9442	0.9443	0.9444	0.9445	0.9446	0.9448	0.9449	0.9450	0.9451
1.60	0.9452	0.9453	0.9454	0.9455	0.9456	0.9458	0.9459	0.9460	0.9461	0.9462
1.61	0.9463	0.9464	0.9465	0.9466	0.9467	0.9468	0.9470	0.9471	0.9472	0.9473
1.62	0.9474	0.9475	0.9476	0.9477	0.9478	0.9479	0.9480	0.9481	0.9482	0.9483
1.63	0.9484	0.9486	0.9487	0.9488	0.9489	0.9490	0.9491	0.9492	0.9493	0.9494
1.64	0.9495	0.9496	0.9497	0.9498	0.9499	0.9500	0.9501	0.9502	0.9503	0.9504
1.65	0.9505	0.9506	0.9507	0.9508	0.9509	0.9510	0.9511	0.9512	0.9513	0.9514
1.66	0.9515	0.9516	0.9517	0.9518	0.9519	0.9520	0.9521	0.9522	0.9523	0.9524
1.67	0.9525	0.9526	0.9527	0.9528	0.9529	0.9530	0.9531	0.9532	0.9533	0.9534
1.68	0.9535	0.9536	0.9537	0.9538	0.9539	0.9540	0.9541	0.9542	0.9543	0.9544
1.69	0.9545	0.9546	0.9547	0.9548	0.9549	0.9550	0.9551	0.9552	0.9552	0.9553
1.70	0.9554	0.9555	0.9556	0.9557	0.9558	0.9559	0.9560	0.9561	0.9562	0.9563
1.71	0.9564	0.9565	0.9566	0.9566	0.9567	0.9568	0.9569	0.9570	0.9571	0.9572
1.72	0.9573	0.9574	0.9575	0.9576	0.9576	0.9577	0.9578	0.9579	0.9580	0.9581
1.73	0.9582	0.9583	0.9584	0.9585	0.9585	0.9586	0.9587	0.9588	0.9589	0.9590
1.74	0.9591	0.9592	0.9592	0.9593	0.9594	0.9595	0.9596	0.9597	0.9598	0.9599
1.75	0.9599	0.9600	0.9601	0.9602	0.9603	0.9604	0.9605	0.9605	0.9606	0.9607
1.76	0.9608	0.9609	0.9610	0.9610	0.9611	0.9612	0.9613	0.9614	0.9615	0.9616
1.77	0.9616	0.9617	0.9618	0.9619	0.9620	0.9621	0.9621	0.9622	0.9623	0.9624
1.78	0.9625	0.9625	0.9626	0.9627	0.9628	0.9629	0.9630	0.9630	0.9631	0.9632
1.79	0.9633	0.9634	0.9634	0.9635	0.9636	0.9637	0.9638	0.9638	0.9639	0.9640
1.80	0.9641	0.9641	0.9642	0.9643	0.9644	0.9645	0.9645	0.9646	0.9647	0.9648
1.81	0.9649	0.9649	0.9650	0.9651	0.9652	0.9652	0.9653	0.9654	0.9655	0.9655
1.82	0.9656	0.9657	0.9658	0.9658	0.9659	0.9660	0.9661	0.9662	0.9662	0.9663
1.83	0.9664	0.9664	0.9665	0.9666	0.9667	0.9667	0.9668	0.9669	0.9670	0.9670
1.84	0.9671	0.9672	0.9673	0.9673	0.9674	0.9675	0.9676	0.9676	0.9677	0.9678

12 Standardnormalverteilung – Verteilungsfunktion

Z	0	1	2	3	4	5	6	7	8	9
1.85	0.9678	0.9679	0.9680	0.9681	0.9681	0.9682	0.9683	0.9683	0.9684	0.9685
1.86	0.9686	0.9686	0.9687	0.9688	0.9688	0.9689	0.9690	0.9690	0.9691	0.9692
1.87	0.9693	0.9693	0.9694	0.9695	0.9695	0.9696	0.9697	0.9697	0.9698	0.9699
1.88	0.9699	0.9700	0.9701	0.9701	0.9702	0.9703	0.9704	0.9704	0.9705	0.9706
1.89	0.9706	0.9707	0.9708	0.9708	0.9709	0.9710	0.9710	0.9711	0.9712	0.9712
1.90	0.9713	0.9713	0.9714	0.9715	0.9715	0.9716	0.9717	0.9717	0.9718	0.9719
1.91	0.9719	0.9720	0.9721	0.9721	0.9722	0.9723	0.9723	0.9724	0.9724	0.9725
1.92	0.9726	0.9726	0.9727	0.9728	0.9728	0.9729	0.9729	0.9730	0.9731	0.9731
1.93	0.9732	0.9733	0.9733	0.9734	0.9734	0.9735	0.9736	0.9736	0.9737	0.9737
1.94	0.9738	0.9739	0.9739	0.9740	0.9741	0.9741	0.9742	0.9742	0.9743	0.9744
1.95	0.9744	0.9745	0.9745	0.9746	0.9746	0.9747	0.9748	0.9748	0.9749	0.9749
1.96	0.9750	0.9751	0.9751	0.9752	0.9752	0.9753	0.9754	0.9754	0.9755	0.9755
1.97	0.9756	0.9756	0.9757	0.9758	0.9758	0.9759	0.9759	0.9760	0.9760	0.9761
1.98	0.9761	0.9762	0.9763	0.9763	0.9764	0.9764	0.9765	0.9765	0.9766	0.9766
1.99	0.9767	0.9768	0.9768	0.9769	0.9769	0.9770	0.9770	0.9771	0.9771	0.9772
2.00	0.9772	0.9773	0.9774	0.9774	0.9775	0.9775	0.9776	0.9776	0.9777	0.9777
2.01	0.9778	0.9778	0.9779	0.9779	0.9780	0.9780	0.9781	0.9782	0.9782	0.9783
2.02	0.9783	0.9784	0.9784	0.9785	0.9785	0.9786	0.9786	0.9787	0.9787	0.9788
2.03	0.9788	0.9789	0.9789	0.9790	0.9790	0.9791	0.9791	0.9792	0.9792	0.9793
2.04	0.9793	0.9794	0.9794	0.9795	0.9795	0.9796	0.9796	0.9797	0.9797	0.9798
2.05	0.9798	0.9799	0.9799	0.9800	0.9800	0.9801	0.9801	0.9802	0.9802	0.9803
2.06	0.9803	0.9803	0.9804	0.9804	0.9805	0.9805	0.9806	0.9806	0.9807	0.9807
2.07	0.9808	0.9808	0.9809	0.9809	0.9810	0.9810	0.9811	0.9811	0.9811	0.9812
2.08	0.9812	0.9813	0.9813	0.9814	0.9814	0.9815	0.9815	0.9816	0.9816	0.9816
2.09	0.9817	0.9817	0.9818	0.9818	0.9819	0.9819	0.9820	0.9820	0.9820	0.9821
2.10	0.9821	0.9822	0.9822	0.9823	0.9823	0.9824	0.9824	0.9824	0.9825	0.9825
2.11	0.9826	0.9826	0.9827	0.9827	0.9827	0.9828	0.9828	0.9829	0.9829	0.9830
2.12	0.9830	0.9830	0.9831	0.9831	0.9832	0.9832	0.9832	0.9833	0.9833	0.9834
2.13	0.9834	0.9835	0.9835	0.9835	0.9836	0.9836	0.9837	0.9837	0.9837	0.9838
2.14	0.9838	0.9839	0.9839	0.9839	0.9840	0.9840	0.9841	0.9841	0.9841	0.9842
2.15	0.9842	0.9843	0.9843	0.9843	0.9844	0.9844	0.9845	0.9845	0.9845	0.9846
2.16	0.9846	0.9847	0.9847	0.9847	0.9848	0.9848	0.9848	0.9849	0.9849	0.9850
2.17	0.9850	0.9850	0.9851	0.9851	0.9851	0.9852	0.9852	0.9853	0.9853	0.9853
2.18	0.9854	0.9854	0.9854	0.9855	0.9855	0.9856	0.9856	0.9856	0.9857	0.9857
2.19	0.9857	0.9858	0.9858	0.9858	0.9859	0.9859	0.9860	0.9860	0.9860	0.9861
2.20	0.9861	0.9861	0.9862	0.9862	0.9862	0.9863	0.9863	0.9863	0.9864	0.9864
2.21	0.9864	0.9865	0.9865	0.9866	0.9866	0.9866	0.9867	0.9867	0.9867	0.9868
2.22	0.9868	0.9868	0.9869	0.9869	0.9869	0.9870	0.9870	0.9870	0.9871	0.9871
2.23	0.9871	0.9872	0.9872	0.9872	0.9873	0.9873	0.9873	0.9874	0.9874	0.9874
2.24	0.9875	0.9875	0.9875	0.9876	0.9876	0.9876	0.9876	0.9877	0.9877	0.9877
2.25	0.9878	0.9878	0.9878	0.9879	0.9879	0.9879	0.9880	0.9880	0.9880	0.9881
2.26	0.9881	0.9881	0.9882	0.9882	0.9882	0.9882	0.9883	0.9883	0.9883	0.9884
2.27	0.9884	0.9884	0.9885	0.9885	0.9885	0.9885	0.9886	0.9886	0.9886	0.9887
2.28	0.9887	0.9887	0.9888	0.9888	0.9888	0.9888	0.9889	0.9889	0.9889	0.9890
2.29	0.9890	0.9890	0.9890	0.9891	0.9891	0.9891	0.9892	0.9892	0.9892	0.9892
2.30	0.9893	0.9893	0.9893	0.9894	0.9894	0.9894	0.9894	0.9895	0.9895	0.9895
2.31	0.9896	0.9896	0.9896	0.9896	0.9897	0.9897	0.9897	0.9897	0.9898	0.9898
2.32	0.9898	0.9899	0.9899	0.9899	0.9899	0.9900	0.9900	0.9900	0.9900	0.9901
2.33	0.9901	0.9901	0.9901	0.9902	0.9902	0.9902	0.9903	0.9903	0.9903	0.9903
2.34	0.9904	0.9904	0.9904	0.9904	0.9905	0.9905	0.9905	0.9905	0.9906	0.9906

Z	0	1	2	3	4	5	6	7	8	9
2.35	0.9906	0.9906	0.9907	0.9907	0.9907	0.9907	0.9908	0.9908	0.9908	0.9908
2.36	0.9909	0.9909	0.9909	0.9909	0.9910	0.9910	0.9910	0.9910	0.9911	0.9911
2.37	0.9911	0.9911	0.9912	0.9912	0.9912	0.9912	0.9912	0.9913	0.9913	0.9913
2.38	0.9913	0.9914	0.9914	0.9914	0.9914	0.9915	0.9915	0.9915	0.9915	0.9916
2.39	0.9916	0.9916	0.9916	0.9916	0.9917	0.9917	0.9917	0.9917	0.9918	0.9918
2.40	0.9918	0.9918	0.9918	0.9919	0.9919	0.9919	0.9919	0.9920	0.9920	0.9920
2.41	0.9920	0.9920	0.9921	0.9921	0.9921	0.9921	0.9922	0.9922	0.9922	0.9922
2.42	0.9922	0.9923	0.9923	0.9923	0.9923	0.9923	0.9924	0.9924	0.9924	0.9924
2.43	0.9925	0.9925	0.9925	0.9925	0.9925	0.9926	0.9926	0.9926	0.9926	0.9926
2.44	0.9927	0.9927	0.9927	0.9927	0.9927	0.9928	0.9928	0.9928	0.9928	0.9928
2.45	0.9929	0.9929	0.9929	0.9929	0.9929	0.9930	0.9930	0.9930	0.9930	0.9930
2.46	0.9931	0.9931	0.9931	0.9931	0.9931	0.9931	0.9932	0.9932	0.9932	0.9932
2.47	0.9932	0.9933	0.9933	0.9933	0.9933	0.9933	0.9934	0.9934	0.9934	0.9934
2.48	0.9934	0.9934	0.9935	0.9935	0.9935	0.9935	0.9935	0.9936	0.9936	0.9936
2.49	0.9936	0.9936	0.9936	0.9937	0.9937	0.9937	0.9937	0.9937	0.9938	0.9938
2.50	0.9938	0.9938	0.9938	0.9938	0.9939	0.9939	0.9939	0.9939	0.9939	0.9939
2.51	0.9940	0.9940	0.9940	0.9940	0.9940	0.9940	0.9941	0.9941	0.9941	0.9941
2.52	0.9941	0.9941	0.9942	0.9942	0.9942	0.9942	0.9942	0.9942	0.9943	0.9943
2.53	0.9943	0.9943	0.9943	0.9943	0.9944	0.9944	0.9944	0.9944	0.9944	0.9944
2.54	0.9945	0.9945	0.9945	0.9945	0.9945	0.9945	0.9946	0.9946	0.9946	0.9946
2.55	0.9946	0.9946	0.9946	0.9947	0.9947	0.9947	0.9947	0.9947	0.9947	0.9948
2.56	0.9948	0.9948	0.9948	0.9948	0.9948	0.9948	0.9949	0.9949	0.9949	0.9949
2.57	0.9949	0.9949	0.9949	0.9950	0.9950	0.9950	0.9950	0.9950	0.9950	0.9950
2.58	0.9951	0.9951	0.9951	0.9951	0.9951	0.9951	0.9951	0.9952	0.9952	0.9952
2.59	0.9952	0.9952	0.9952	0.9952	0.9953	0.9953	0.9953	0.9953	0.9953	0.9953
2.60	0.9953	0.9954	0.9954	0.9954	0.9954	0.9954	0.9954	0.9954	0.9954	0.9955
2.61	0.9955	0.9955	0.9955	0.9955	0.9955	0.9955	0.9956	0.9956	0.9956	0.9956
2.62	0.9956	0.9956	0.9956	0.9956	0.9957	0.9957	0.9957	0.9957	0.9957	0.9957
2.63	0.9957	0.9957	0.9958	0.9958	0.9958	0.9958	0.9958	0.9958	0.9958	0.9958
2.64	0.9959	0.9959	0.9959	0.9959	0.9959	0.9959	0.9959	0.9959	0.9960	0.9960
2.65	0.9960	0.9960	0.9960	0.9960	0.9960	0.9960	0.9960	0.9961	0.9961	0.9961
2.66	0.9961	0.9961	0.9961	0.9961	0.9961	0.9962	0.9962	0.9962	0.9962	0.9962
2.67	0.9962	0.9962	0.9962	0.9962	0.9963	0.9963	0.9963	0.9963	0.9963	0.9963
2.68	0.9963	0.9963	0.9963	0.9964	0.9964	0.9964	0.9964	0.9964	0.9964	0.9964
2.69	0.9964	0.9964	0.9964	0.9965	0.9965	0.9965	0.9965	0.9965	0.9965	0.9965
2.70	0.9965	0.9965	0.9966	0.9966	0.9966	0.9966	0.9966	0.9966	0.9966	0.9966
2.71	0.9966	0.9966	0.9967	0.9967	0.9967	0.9967	0.9967	0.9967	0.9967	0.9967
2.72	0.9967	0.9967	0.9968	0.9968	0.9968	0.9968	0.9968	0.9968	0.9968	0.9968
2.73	0.9968	0.9968	0.9969	0.9969	0.9969	0.9969	0.9969	0.9969	0.9969	0.9969
2.74	0.9969	0.9969	0.9969	0.9970	0.9970	0.9970	0.9970	0.9970	0.9970	0.9970
2.75	0.9970	0.9970	0.9970	0.9970	0.9971	0.9971	0.9971	0.9971	0.9971	0.9971
2.76	0.9971	0.9971	0.9971	0.9971	0.9971	0.9972	0.9972	0.9972	0.9972	0.9972
2.77	0.9972	0.9972	0.9972	0.9972	0.9972	0.9972	0.9972	0.9973	0.9973	0.9973
2.78	0.9973	0.9973	0.9973	0.9973	0.9973	0.9973	0.9973	0.9973	0.9973	0.9974
2.79	0.9974	0.9974	0.9974	0.9974	0.9974	0.9974	0.9974	0.9974	0.9974	0.9974
2.80	0.9974	0.9975	0.9975	0.9975	0.9975	0.9975	0.9975	0.9975	0.9975	0.9975
2.81	0.9975	0.9975	0.9975	0.9975	0.9976	0.9976	0.9976	0.9976	0.9976	0.9976
2.82	0.9976	0.9976	0.9976	0.9976	0.9976	0.9976	0.9976	0.9977	0.9977	0.9977
2.83	0.9977	0.9977	0.9977	0.9977	0.9977	0.9977	0.9977	0.9977	0.9977	0.9977
2.84	0.9977	0.9978	0.9978	0.9978	0.9978	0.9978	0.9978	0.9978	0.9978	0.9978

12 Standardnormalverteilung – Verteilungsfunktion

Z	0	1	2	3	4	5	6	7	8	9
2.85	0.9978	0.9978	0.9978	0.9978	0.9978	0.9978	0.9979	0.9979	0.9979	0.9979
2.86	0.9979	0.9979	0.9979	0.9979	0.9979	0.9979	0.9979	0.9979	0.9979	0.9979
2.87	0.9979	0.9980	0.9980	0.9980	0.9980	0.9980	0.9980	0.9980	0.9980	0.9980
2.88	0.9980	0.9980	0.9980	0.9980	0.9980	0.9980	0.9980	0.9981	0.9981	0.9981
2.89	0.9981	0.9981	0.9981	0.9981	0.9981	0.9981	0.9981	0.9981	0.9981	0.9981
2.90	0.9981	0.9981	0.9981	0.9982	0.9982	0.9982	0.9982	0.9982	0.9982	0.9982
2.91	0.9982	0.9982	0.9982	0.9982	0.9982	0.9982	0.9982	0.9982	0.9982	0.9982
2.92	0.9982	0.9983	0.9983	0.9983	0.9983	0.9983	0.9983	0.9983	0.9983	0.9983
2.93	0.9983	0.9983	0.9983	0.9983	0.9983	0.9983	0.9983	0.9983	0.9983	0.9984
2.94	0.9984	0.9984	0.9984	0.9984	0.9984	0.9984	0.9984	0.9984	0.9984	0.9984
2.95	0.9984	0.9984	0.9984	0.9984	0.9984	0.9984	0.9984	0.9984	0.9985	0.9985
2.96	0.9985	0.9985	0.9985	0.9985	0.9985	0.9985	0.9985	0.9985	0.9985	0.9985
2.97	0.9985	0.9985	0.9985	0.9985	0.9985	0.9985	0.9985	0.9985	0.9985	0.9986
2.98	0.9986	0.9986	0.9986	0.9986	0.9986	0.9986	0.9986	0.9986	0.9986	0.9986
2.99	0.9986	0.9986	0.9986	0.9986	0.9986	0.9986	0.9986	0.9986	0.9986	0.9986
3.00	0.9987	0.9987	0.9987	0.9987	0.9987	0.9987	0.9987	0.9987	0.9987	0.9987
3.01	0.9987	0.9987	0.9987	0.9987	0.9987	0.9987	0.9987	0.9987	0.9987	0.9987
3.02	0.9987	0.9987	0.9987	0.9987	0.9988	0.9988	0.9988	0.9988	0.9988	0.9988
3.03	0.9988	0.9988	0.9988	0.9988	0.9988	0.9988	0.9988	0.9988	0.9988	0.9988
3.04	0.9988	0.9988	0.9988	0.9988	0.9988	0.9988	0.9988	0.9988	0.9988	0.9989
3.05	0.9989	0.9989	0.9989	0.9989	0.9989	0.9989	0.9989	0.9989	0.9989	0.9989
3.06	0.9989	0.9989	0.9989	0.9989	0.9989	0.9989	0.9989	0.9989	0.9989	0.9989
3.07	0.9989	0.9989	0.9989	0.9989	0.9989	0.9989	0.9990	0.9990	0.9990	0.9990
3.08	0.9990	0.9990	0.9990	0.9990	0.9990	0.9990	0.9990	0.9990	0.9990	0.9990
3.09	0.9990	0.9990	0.9990	0.9990	0.9990	0.9990	0.9990	0.9990	0.9990	0.9990
3.10	0.9990	0.9990	0.9990	0.9990	0.9990	0.9990	0.9991	0.9991	0.9991	0.9991
3.11	0.9991	0.9991	0.9991	0.9991	0.9991	0.9991	0.9991	0.9991	0.9991	0.9991
3.12	0.9991	0.9991	0.9991	0.9991	0.9991	0.9991	0.9991	0.9991	0.9991	0.9991
3.13	0.9991	0.9991	0.9991	0.9991	0.9991	0.9991	0.9991	0.9991	0.9991	0.9992
3.14	0.9992	0.9992	0.9992	0.9992	0.9992	0.9992	0.9992	0.9992	0.9992	0.9992
3.15	0.9992	0.9992	0.9992	0.9992	0.9992	0.9992	0.9992	0.9992	0.9992	0.9992
3.16	0.9992	0.9992	0.9992	0.9992	0.9992	0.9992	0.9992	0.9992	0.9992	0.9992
3.17	0.9992	0.9992	0.9992	0.9992	0.9992	0.9993	0.9993	0.9993	0.9993	0.9993
3.18	0.9993	0.9993	0.9993	0.9993	0.9993	0.9993	0.9993	0.9993	0.9993	0.9993
3.19	0.9993	0.9993	0.9993	0.9993	0.9993	0.9993	0.9993	0.9993	0.9993	0.9993
3.20	0.9993	0.9993	0.9993	0.9993	0.9993	0.9993	0.9993	0.9993	0.9993	0.9993
3.21	0.9993	0.9993	0.9993	0.9993	0.9993	0.9993	0.9993	0.9994	0.9994	0.9994
3.22	0.9994	0.9994	0.9994	0.9994	0.9994	0.9994	0.9994	0.9994	0.9994	0.9994
3.23	0.9994	0.9994	0.9994	0.9994	0.9994	0.9994	0.9994	0.9994	0.9994	0.9994
3.24	0.9994	0.9994	0.9994	0.9994	0.9994	0.9994	0.9994	0.9994	0.9994	0.9994
3.25	0.9994	0.9994	0.9994	0.9994	0.9994	0.9994	0.9994	0.9994	0.9994	0.9994
3.26	0.9994	0.9994	0.9994	0.9994	0.9995	0.9995	0.9995	0.9995	0.9995	0.9995
3.27	0.9995	0.9995	0.9995	0.9995	0.9995	0.9995	0.9995	0.9995	0.9995	0.9995
3.28	0.9995	0.9995	0.9995	0.9995	0.9995	0.9995	0.9995	0.9995	0.9995	0.9995
3.29	0.9995	0.9995	0.9995	0.9995	0.9995	0.9995	0.9995	0.9995	0.9995	0.9995
3.30	0.9995	0.9995	0.9995	0.9995	0.9995	0.9995	0.9995	0.9995	0.9995	0.9995
3.31	0.9995	0.9995	0.9995	0.9995	0.9995	0.9995	0.9995	0.9995	0.9995	0.9995
3.32	0.9995	0.9996	0.9996	0.9996	0.9996	0.9996	0.9996	0.9996	0.9996	0.9996
3.33	0.9996	0.9996	0.9996	0.9996	0.9996	0.9996	0.9996	0.9996	0.9996	0.9996
3.34	0.9996	0.9996	0.9996	0.9996	0.9996	0.9996	0.9996	0.9996	0.9996	0.9996

12 Standardnormalverteilung – Verteilungsfunktion

Z	0	1	2	3	4	5	6	7	8	9
3.35	0.9996	0.9996	0.9996	0.9996	0.9996	0.9996	0.9996	0.9996	0.9996	0.9996
3.36	0.9996	0.9996	0.9996	0.9996	0.9996	0.9996	0.9996	0.9996	0.9996	0.9996
3.37	0.9996	0.9996	0.9996	0.9996	0.9996	0.9996	0.9996	0.9996	0.9996	0.9996
3.38	0.9996	0.9996	0.9996	0.9996	0.9996	0.9996	0.9996	0.9996	0.9996	0.9996
3.39	0.9997	0.9997	0.9997	0.9997	0.9997	0.9997	0.9997	0.9997	0.9997	0.9997
3.40	0.9997	0.9997	0.9997	0.9997	0.9997	0.9997	0.9997	0.9997	0.9997	0.9997
3.41	0.9997	0.9997	0.9997	0.9997	0.9997	0.9997	0.9997	0.9997	0.9997	0.9997
3.42	0.9997	0.9997	0.9997	0.9997	0.9997	0.9997	0.9997	0.9997	0.9997	0.9997
3.43	0.9997	0.9997	0.9997	0.9997	0.9997	0.9997	0.9997	0.9997	0.9997	0.9997
3.44	0.9997	0.9997	0.9997	0.9997	0.9997	0.9997	0.9997	0.9997	0.9997	0.9997
3.45	0.9997	0.9997	0.9997	0.9997	0.9997	0.9997	0.9997	0.9997	0.9997	0.9997
3.46	0.9997	0.9997	0.9997	0.9997	0.9997	0.9997	0.9997	0.9997	0.9997	0.9997
3.47	0.9997	0.9997	0.9997	0.9997	0.9997	0.9997	0.9997	0.9997	0.9997	0.9997
3.48	0.9997	0.9998	0.9998	0.9998	0.9998	0.9998	0.9998	0.9998	0.9998	0.9998
3.49	0.9998	0.9998	0.9998	0.9998	0.9998	0.9998	0.9998	0.9998	0.9998	0.9998
3.50	0.9998	0.9998	0.9998	0.9998	0.9998	0.9998	0.9998	0.9998	0.9998	0.9998
3.51	0.9998	0.9998	0.9998	0.9998	0.9998	0.9998	0.9998	0.9998	0.9998	0.9998
3.52	0.9998	0.9998	0.9998	0.9998	0.9998	0.9998	0.9998	0.9998	0.9998	0.9998
3.53	0.9998	0.9998	0.9998	0.9998	0.9998	0.9998	0.9998	0.9998	0.9998	0.9998
3.54	0.9998	0.9998	0.9998	0.9998	0.9998	0.9998	0.9998	0.9998	0.9998	0.9998
3.55	0.9998	0.9998	0.9998	0.9998	0.9998	0.9998	0.9998	0.9998	0.9998	0.9998
3.56	0.9998	0.9998	0.9998	0.9998	0.9998	0.9998	0.9998	0.9998	0.9998	0.9998
3.57	0.9998	0.9998	0.9998	0.9998	0.9998	0.9998	0.9998	0.9998	0.9998	0.9998
3.58	0.9998	0.9998	0.9998	0.9998	0.9998	0.9998	0.9998	0.9998	0.9998	0.9998
3.59	0.9998	0.9998	0.9998	0.9998	0.9998	0.9998	0.9998	0.9998	0.9998	0.9998
3.60	0.9998	0.9998	0.9998	0.9998	0.9998	0.9998	0.9998	0.9998	0.9998	0.9998
3.61	0.9998	0.9998	0.9998	0.9998	0.9998	0.9998	0.9999	0.9999	0.9999	0.9999
3.62	0.9999	0.9999	0.9999	0.9999	0.9999	0.9999	0.9999	0.9999	0.9999	0.9999
3.63	0.9999	0.9999	0.9999	0.9999	0.9999	0.9999	0.9999	0.9999	0.9999	0.9999
3.64	0.9999	0.9999	0.9999	0.9999	0.9999	0.9999	0.9999	0.9999	0.9999	0.9999
3.65	0.9999	0.9999	0.9999	0.9999	0.9999	0.9999	0.9999	0.9999	0.9999	0.9999
3.66	0.9999	0.9999	0.9999	0.9999	0.9999	0.9999	0.9999	0.9999	0.9999	0.9999
3.67	0.9999	0.9999	0.9999	0.9999	0.9999	0.9999	0.9999	0.9999	0.9999	0.9999
3.68	0.9999	0.9999	0.9999	0.9999	0.9999	0.9999	0.9999	0.9999	0.9999	0.9999
3.69	0.9999	0.9999	0.9999	0.9999	0.9999	0.9999	0.9999	0.9999	0.9999	0.9999
3.70	0.9999	0.9999	0.9999	0.9999	0.9999	0.9999	0.9999	0.9999	0.9999	0.9999
3.71	0.9999	0.9999	0.9999	0.9999	0.9999	0.9999	0.9999	0.9999	0.9999	0.9999
3.72	0.9999	0.9999	0.9999	0.9999	0.9999	0.9999	0.9999	0.9999	0.9999	0.9999
3.73	0.9999	0.9999	0.9999	0.9999	0.9999	0.9999	0.9999	0.9999	0.9999	0.9999
3.74	0.9999	0.9999	0.9999	0.9999	0.9999	0.9999	0.9999	0.9999	0.9999	0.9999
3.75	0.9999	0.9999	0.9999	0.9999	0.9999	0.9999	0.9999	0.9999	0.9999	0.9999
3.76	0.9999	0.9999	0.9999	0.9999	0.9999	0.9999	0.9999	0.9999	0.9999	0.9999
3.77	0.9999	0.9999	0.9999	0.9999	0.9999	0.9999	0.9999	0.9999	0.9999	0.9999
3.78	0.9999	0.9999	0.9999	0.9999	0.9999	0.9999	0.9999	0.9999	0.9999	0.9999
3.79	0.9999	0.9999	0.9999	0.9999	0.9999	0.9999	0.9999	0.9999	0.9999	0.9999
3.80	0.9999	0.9999	0.9999	0.9999	0.9999	0.9999	0.9999	0.9999	0.9999	0.9999

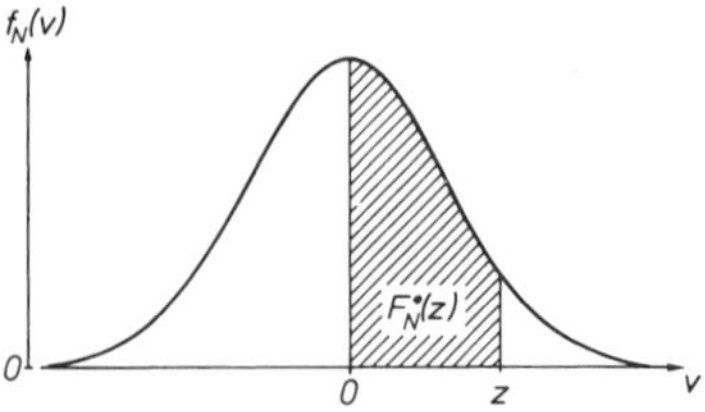

Es gilt:

$F_N^*(z) = F_N(z) - 0.5 = F_N^*(-z)$

und

$F_N^*(0) = 0$.

Z	0	1	2	3	4	5	6	7	8	9
0.0	0.0000	0.0040	0.0080	0.0120	0.0160	0.0199	0.0239	0.0279	0.0319	0.0359
0.1	0.0398	0.0438	0.0478	0.0517	0.0557	0.0596	0.0636	0.0675	0.0714	0.0753
0.2	0.0793	0.0832	0.0871	0.0910	0.0948	0.0987	0.1026	0.1064	0.1103	0.1141
0.3	0.1179	0.1217	0.1255	0.1293	0.1331	0.1368	0.1406	0.1443	0.1480	0.1517
0.4	0.1554	0.1591	0.1628	0.1664	0.1700	0.1736	0.1772	0.1808	0.1844	0.1879
0.5	0.1915	0.1950	0.1985	0.2019	0.2054	0.2088	0.2123	0.2157	0.2190	0.2224
0.6	0.2257	0.2291	0.2324	0.2357	0.2389	0.2422	0.2454	0.2486	0.2517	0.2549
0.7	0.2580	0.2611	0.2642	0.2673	0.2704	0.2734	0.2764	0.2794	0.2823	0.2852
0.8	0.2881	0.2910	0.2939	0.2967	0.2995	0.3023	0.3051	0.3078	0.3106	0.3133
0.9	0.3159	0.3186	0.3212	0.3238	0.3264	0.3289	0.3315	0.3340	0.3365	0.3389
1.0	0.3413	0.3438	0.3461	0.3485	0.3508	0.3531	0.3554	0.3577	0.3599	0.3621
1.1	0.3643	0.3665	0.3686	0.3708	0.3729	0.3749	0.3770	0.3790	0.3810	0.3830
1.2	0.3849	0.3869	0.3888	0.3907	0.3925	0.3944	0.3962	0.3980	0.3997	0.4015
1.3	0.4032	0.4049	0.4066	0.4082	0.4099	0.4115	0.4131	0.4147	0.4162	0.4177
1.4	0.4192	0.4207	0.4222	0.4236	0.4251	0.4265	0.4279	0.4292	0.4306	0.4319
1.5	0.4332	0.4345	0.4357	0.4370	0.4382	0.4394	0.4406	0.4418	0.4429	0.4441
1.6	0.4452	0.4463	0.4474	0.4484	0.4495	0.4505	0.4515	0.4525	0.4535	0.4545
1.7	0.4554	0.4564	0.4573	0.4582	0.4591	0.4599	0.4608	0.4616	0.4625	0.4633
1.8	0.4641	0.4649	0.4656	0.4664	0.4671	0.4678	0.4686	0.4693	0.4699	0.4706
1.9	0.4713	0.4719	0.4726	0.4732	0.4738	0.4744	0.4750	0.4756	0.4761	0.4767
2.0	0.4772	0.4778	0.4783	0.4788	0.4793	0.4798	0.4803	0.4808	0.4812	0.4817
2.1	0.4821	0.4826	0.4830	0.4834	0.4838	0.4842	0.4846	0.4850	0.4854	0.4857
2.2	0.4861	0.4864	0.4868	0.4871	0.4875	0.4878	0.4881	0.4884	0.4887	0.4890
2.3	0.4893	0.4896	0.4898	0.4901	0.4904	0.4906	0.4909	0.4911	0.4913	0.4916
2.4	0.4918	0.4920	0.4922	0.4925	0.4927	0.4929	0.4931	0.4932	0.4934	0.4936
2.5	0.4938	0.4940	0.4941	0.4943	0.4945	0.4946	0.4948	0.4949	0.4951	0.4952
2.6	0.4953	0.4955	0.4956	0.4957	0.4959	0.4960	0.4961	0.4962	0.4963	0.4964
2.7	0.4965	0.4966	0.4967	0.4968	0.4969	0.4970	0.4971	0.4972	0.4973	0.4974
2.8	0.4974	0.4975	0.4976	0.4977	0.4977	0.4978	0.4979	0.4979	0.4980	0.4981
2.9	0.4981	0.4982	0.4982	0.4983	0.4984	0.4984	0.4985	0.4985	0.4986	0.4986
3.0	0.4987	0.4987	0.4987	0.4988	0.4988	0.4989	0.4989	0.4989	0.4990	0.4990
3.1	0.4990	0.4991	0.4991	0.4991	0.4992	0.4992	0.4992	0.4992	0.4993	0.4993
3.2	0.4993	0.4993	0.4994	0.4994	0.4994	0.4994	0.4994	0.4995	0.4995	0.4995
3.3	0.4995	0.4995	0.4995	0.4996	0.4996	0.4996	0.4996	0.4996	0.4996	0.4997
3.4	0.4997	0.4997	0.4997	0.4997	0.4997	0.4997	0.4997	0.4997	0.4997	0.4998
3.5	0.4998	0.4998	0.4998	0.4998	0.4998	0.4998	0.4998	0.4998	0.4998	0.4998
3.6	0.4998	0.4998	0.4999	0.4999	0.4999	0.4999	0.4999	0.4999	0.4999	0.4999
3.7	0.4999	0.4999	0.4999	0.4999	0.4999	0.4999	0.4999	0.4999	0.4999	0.4999
3.8	0.4999	0.4999	0.4999	0.4999	0.4999	0.4999	0.4999	0.4999	0.4999	0.4999
3.9	0.5000	0.5000	0.5000	0.5000	0.5000	0.5000	0.5000	0.5000	0.5000	0.5000

14 Standardnormalverteilung – Zweiseitige symmetrische Flächenanteile

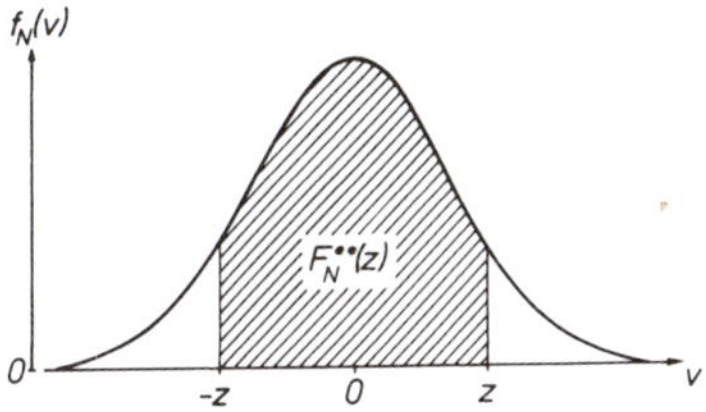

Es gilt:

$$F_N^{**}(z) = F_N(z) - F_N(-z)$$
$$= 2\,F_N(z) - 1$$
$$= 2\,F_N^{*}(z).$$

Z	0	1	2	3	4	5	6	7	8	9
0.0	0.0000	0.0080	0.0160	0.0239	0.0319	0.0399	0.0478	0.0558	0.0638	0.0717
0.1	0.0797	0.0876	0.0955	0.1034	0.1113	0.1192	0.1271	0.1350	0.1428	0.1507
0.2	0.1585	0.1663	0.1741	0.1819	0.1897	0.1974	0.2051	0.2128	0.2205	0.2282
0.3	0.2358	0.2434	0.2510	0.2586	0.2661	0.2737	0.2812	0.2886	0.2961	0.3035
0.4	0.3108	0.3182	0.3255	0.3328	0.3401	0.3473	0.3545	0.3616	0.3688	0.3759
0.5	0.3829	0.3899	0.3969	0.4039	0.4108	0.4177	0.4245	0.4313	0.4381	0.4448
0.6	0.4515	0.4581	0.4647	0.4713	0.4778	0.4843	0.4907	0.4971	0.5035	0.5098
0.7	0.5161	0.5223	0.5285	0.5346	0.5407	0.5467	0.5527	0.5587	0.5646	0.5705
0.8	0.5763	0.5821	0.5878	0.5935	0.5991	0.6047	0.6102	0.6157	0.6211	0.6265
0.9	0.6319	0.6372	0.6424	0.6476	0.6528	0.6579	0.6629	0.6680	0.6729	0.6778
1.0	0.6827	0.6875	0.6923	0.6970	0.7017	0.7063	0.7109	0.7154	0.7199	0.7243
1.1	0.7287	0.7330	0.7373	0.7415	0.7457	0.7499	0.7540	0.7580	0.7620	0.7660
1.2	0.7699	0.7737	0.7775	0.7813	0.7850	0.7887	0.7923	0.7959	0.7995	0.8029
1.3	0.8064	0.8098	0.8132	0.8165	0.8198	0.8230	0.8262	0.8293	0.8324	0.8355
1.4	0.8385	0.8415	0.8444	0.8473	0.8501	0.8529	0.8557	0.8584	0.8611	0.8638
1.5	0.8664	0.8690	0.8715	0.8740	0.8764	0.8789	0.8812	0.8836	0.8859	0.8882
1.6	0.8904	0.8926	0.8948	0.8969	0.8990	0.9011	0.9031	0.9051	0.9070	0.9090
1.7	0.9109	0.9127	0.9146	0.9164	0.9181	0.9199	0.9216	0.9233	0.9249	0.9265
1.8	0.9281	0.9297	0.9312	0.9328	0.9342	0.9357	0.9371	0.9385	0.9399	0.9412
1.9	0.9426	0.9439	0.9451	0.9464	0.9476	0.9488	0.9500	0.9512	0.9523	0.9534
2.0	0.9545	0.9556	0.9566	0.9576	0.9586	0.9596	0.9606	0.9615	0.9625	0.9634
2.1	0.9643	0.9651	0.9660	0.9668	0.9676	0.9684	0.9692	0.9700	0.9707	0.9715
2.2	0.9722	0.9729	0.9736	0.9743	0.9749	0.9756	0.9762	0.9768	0.9774	0.9780
2.3	0.9786	0.9791	0.9797	0.9802	0.9807	0.9812	0.9817	0.9822	0.9827	0.9832
2.4	0.9836	0.9840	0.9845	0.9849	0.9853	0.9857	0.9861	0.9865	0.9869	0.9872
2.5	0.9876	0.9879	0.9883	0.9886	0.9889	0.9892	0.9895	0.9898	0.9901	0.9904
2.6	0.9907	0.9909	0.9912	0.9915	0.9917	0.9920	0.9922	0.9924	0.9926	0.9929
2.7	0.9931	0.9933	0.9935	0.9937	0.9939	0.9940	0.9942	0.9944	0.9946	0.9947
2.8	0.9949	0.9950	0.9952	0.9953	0.9955	0.9956	0.9958	0.9959	0.9960	0.9961
2.9	0.9963	0.9964	0.9965	0.9966	0.9967	0.9968	0.9969	0.9970	0.9971	0.9972
3.0	0.9973	0.9974	0.9975	0.9976	0.9976	0.9977	0.9978	0.9979	0.9979	0.9980
3.1	0.9981	0.9981	0.9982	0.9983	0.9983	0.9984	0.9984	0.9985	0.9985	0.9986
3.2	0.9986	0.9987	0.9987	0.9988	0.9988	0.9988	0.9989	0.9989	0.9990	0.9990
3.3	0.9990	0.9991	0.9991	0.9991	0.9992	0.9992	0.9992	0.9992	0.9993	0.9993
3.4	0.9993	0.9994	0.9994	0.9994	0.9994	0.9994	0.9995	0.9995	0.9995	0.9995
3.5	0.9995	0.9996	0.9996	0.9996	0.9996	0.9996	0.9996	0.9996	0.9997	0.9997
3.6	0.9997	0.9997	0.9997	0.9997	0.9997	0.9997	0.9997	0.9998	0.9998	0.9998
3.7	0.9998	0.9998	0.9998	0.9998	0.9998	0.9998	0.9998	0.9998	0.9998	0.9998
3.8	0.9999	0.9999	0.9999	0.9999	0.9999	0.9999	0.9999	0.9999	0.9999	0.9999
3.9	0.9999	0.9999	0.9999	0.9999	0.9999	0.9999	0.9999	0.9999	0.9999	0.9999

15 Chi-Quadrat-Verteilung – Werte von χ^2 zu gegebenen Werten der Verteilungsfunktion

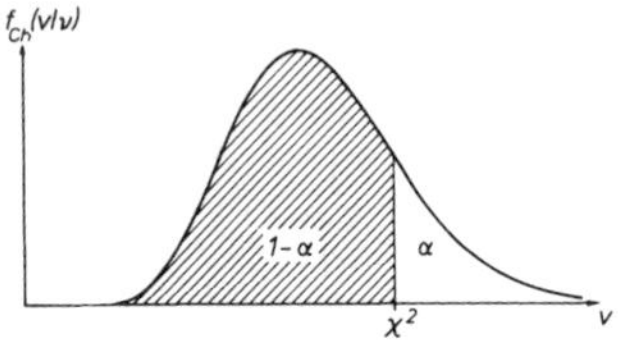

Tabelliert sind die Werte χ^2, für die $W(0 < X^2 \leq \chi^2) = F_{CH}(\chi^2/\nu) = 1 - \alpha$ gilt .

ν	$1-\alpha$								
	0.001	0.005	0.010	0.025	0.050	0.100	0.250	0.400	0.500
1	0.000	0.000	0.000	0.000	0.004	0.016	0.102	0.275	0.455
2	0.002	0.010	0.020	0.051	0.103	0.211	0.575	1.022	1.386
3	0.024	0.072	0.115	0.216	0.352	0.584	1.213	1.869	2.366
4	0.091	0.207	0.297	0.484	0.711	1.064	1.923	2.753	3.357
5	0.210	0.412	0.554	0.831	1.145	1.610	2.675	3.656	4.351
6	0.381	0.676	0.872	1.237	1.635	2.204	3.455	4.570	5.348
7	0.598	0.989	1.239	1.690	2.167	2.833	4.255	5.493	6.346
8	0.857	1.344	1.646	2.180	2.733	3.490	5.071	6.423	7.344
9	1.152	1.735	2.088	2.700	3.325	4.168	5.899	7.357	8.343
10	1.479	2.156	2.558	3.247	3.940	4.865	6.737	8.295	9.342
11	1.834	2.603	3.053	3.816	4.575	5.578	7.584	9.237	10.341
12	2.214	3.074	3.571	4.404	5.226	6.304	8.438	10.182	11.340
13	2.617	3.565	4.107	5.009	5.892	7.042	9.299	11.129	12.340
14	3.041	4.075	4.660	5.629	6.571	7.790	10.165	12.078	13.339
15	3.483	4.601	5.229	6.262	7.261	8.547	11.037	13.030	14.339
16	3.942	5.142	5.812	6.908	7.962	9.312	11.912	13.983	15.338
17	4.416	5.697	6.408	7.564	8.672	10.085	12.792	14.937	16.338
18	4.905	6.265	7.015	8.231	9.390	10.865	13.675	15.893	17.338
19	5.407	6.844	7.633	8.907	10.117	11.651	14.562	16.850	18.338
20	5.921	7.434	8.260	9.591	10.851	12.443	15.452	17.809	19.337
21	6.447	8.034	8.897	10.283	11.591	13.240	16.344	18.768	20.337
22	6.983	8.643	9.542	10.982	12.338	14.041	17.240	19.729	21.337
23	7.529	9.260	10.196	11.689	13.091	14.848	18.137	20.690	22.337
24	8.085	9.886	10.856	12.401	13.848	15.659	19.037	21.652	23.337
25	8.649	10.520	11.524	13.120	14.611	16.473	19.939	22.616	24.337
26	9.222	11.160	12.198	13.844	15.379	17.292	20.843	23.579	25.336
27	9.803	11.808	12.879	14.573	16.151	18.114	21.749	24.544	26.336
28	10.391	12.461	13.565	15.308	16.928	18.939	22.657	25.509	27.336
29	10.986	13.121	14.256	16.047	17.708	19.768	23.567	26.475	28.336
30	11.588	13.787	14.953	16.791	18.493	20.599	24.478	27.442	29.336
31	12.196	14.458	15.655	17.539	19.281	21.434	25.390	28.409	30.336
32	12.811	15.134	16.362	18.291	20.072	22.271	26.304	29.376	31.336
33	13.431	15.815	17.074	19.047	20.867	23.110	27.219	30.344	32.336
34	14.057	16.501	17.789	19.806	21.664	23.952	28.136	31.313	33.336
35	14.688	17.192	18.509	20.569	22.465	24.797	29.054	32.282	34.336
36	15.324	17.887	19.233	21.336	23.269	25.643	29.973	33.252	35.336
37	15.965	18.586	19.960	22.106	24.075	26.492	30.893	34.222	36.336
38	16.611	19.289	20.691	22.878	24.884	27.343	31.815	35.192	37.335
39	17.262	19.996	21.426	23.654	25.695	28.196	32.737	36.163	38.335
40	17.916	20.707	22.164	24.433	26.509	29.051	33.660	37.134	39.335

ν	$1-\alpha$								
	0.600	0.750	0.900	0.950	0.975	0.980	0.990	0.995	0.999
1	0.708	1.323	2.706	3.841	5.024	5.412	6.635	7.879	10.828
2	1.833	2.773	4.605	5.991	7.378	7.824	9.210	10.597	13.816
3	2.946	4.108	6.251	7.815	9.348	9.837	11.345	12.838	16.266
4	4.045	5.385	7.779	9.488	11.143	11.668	13.277	14.860	18.467
5	5.132	6.626	9.236	11.070	12.833	13.388	15.086	16.750	20.515
6	6.211	7.841	10.645	12.592	14.449	15.033	16.812	18.548	22.458
7	7.283	9.037	12.017	14.067	16.013	16.622	18.475	20.278	24.322
8	8.351	10.219	13.362	15.507	17.535	18.168	20.090	21.955	26.124
9	9.414	11.389	14.684	16.919	19.023	19.679	21.666	23.589	27.877
10	10.473	12.549	15.987	18.307	20.483	21.161	23.209	25.188	29.588
11	11.530	13.701	17.275	19.675	21.920	22.618	24.725	26.757	31.264
12	12.584	14.845	18.549	21.026	23.337	24.054	26.217	28.300	32.909
13	13.636	15.984	19.812	22.362	24.736	25.471	27.688	29.819	34.528
14	14.685	17.117	21.064	23.685	26.119	26.873	29.141	31.319	36.123
15	15.733	18.245	22.307	24.996	27.488	28.259	30.578	32.801	37.697
16	16.780	19.369	23.542	26.296	28.845	29.633	32.000	34.267	39.252
17	17.824	20.489	24.769	27.587	30.191	30.995	33.409	35.718	40.790
18	18.868	21.605	25.989	28.869	31.526	32.346	34.805	37.156	42.312
19	19.910	22.718	27.204	30.144	32.852	33.687	36.191	38.582	43.820
20	20.951	23.828	28.412	31.410	34.170	35.020	37.566	39.997	45.315
21	21.992	24.935	29.615	32.671	35.479	36.343	38.932	41.401	46.797
22	23.031	26.039	30.813	33.924	36.781	37.659	40.289	42.796	48.268
23	24.069	27.141	32.007	35.172	38.076	38.968	41.638	44.181	49.728
24	25.106	28.241	33.196	36.415	39.364	40.270	42.980	45.558	51.179
25	26.143	29.339	34.382	37.652	40.646	41.566	44.314	46.928	52.620
26	27.179	30.435	35.563	38.885	41.923	42.856	45.642	48.290	54.052
27	28.214	31.528	36.741	40.113	43.195	44.140	46.963	49.645	55.476
28	29.249	32.620	37.916	41.337	44.461	45.419	48.278	50.993	56.892
29	30.283	33.711	39.087	42.557	45.722	46.693	49.588	52.336	58.301
30	31.316	34.800	40.256	43.773	46.979	47.962	50.892	53.672	59.703
31	32.349	35.887	41.422	44.985	48.232	49.226	52.191	55.003	61.098
32	33.381	36.973	42.585	46.194	49.480	50.487	53.486	56.328	62.487
33	34.413	38.058	43.745	47.400	50.725	51.743	54.776	57.648	63.870
34	35.444	39.141	44.903	48.602	51.966	52.995	56.061	58.964	65.247
35	36.475	40.223	46.059	49.802	53.203	54.244	57.342	60.275	66.619
36	37.505	41.304	47.212	50.998	54.437	55.489	58.619	61.581	67.985
37	38.535	42.383	48.363	52.192	55.668	56.730	59.893	62.883	69.346
38	39.564	43.462	49.513	53.384	56.896	57.969	61.162	64.181	70.703
39	40.593	44.539	50.660	54.572	58.120	59.204	62.428	65.476	72.055
40	41.622	45.616	51.805	55.758	59.342	60.436	63.691	66.766	73.402

16 Studentverteilung – Werte von t zu gegebenen Werten der Verteilungsfuktion

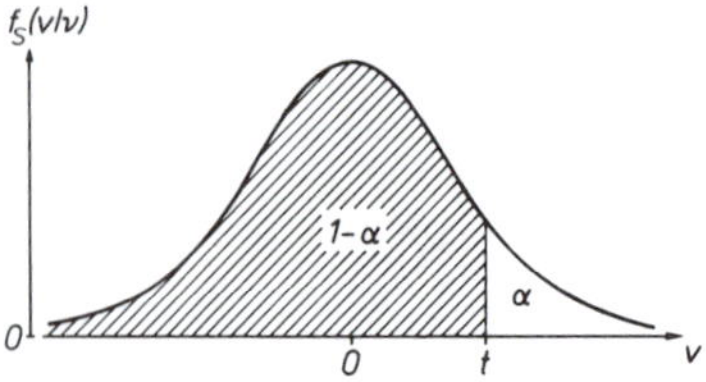

Tabelliert sind die Werte t. für die
$W(-\infty < T \leq t) =$
$= F_S(t/\nu) = 1 - \alpha$
gilt.

Es gilt:
$F_S(-t/\nu) = 1 - F_S(t/\nu)$.

ν	1 − α									
	0.600	0.700	0.750	0.800	0.900	0.950	0.975	0.990	0.995	0.999
1	0.325	0.727	1.000	1.376	3.078	6.314	12.706	31.821	63.657	318.309
2	0.289	0.617	0.816	1.061	1.886	2.920	4.303	6.965	9.925	22.327
3	0.277	0.584	0.765	0.978	1.638	2.353	3.182	4.541	5.841	10.214
4	0.271	0.569	0.741	0.941	1.533	2.132	2.776	3.747	4.604	7.173
5	0.267	0.559	0.727	0.920	1.476	2.015	2.571	3.365	4.032	5.893
6	0.265	0.553	0.718	0.906	1.440	1.943	2.447	3.143	3.707	5.208
7	0.263	0.549	0.711	0.896	1.415	1.895	2.365	2.998	3.499	4.785
8	0.262	0.546	0.706	0.889	1.397	1.860	2.306	2.896	3.355	4.501
9	0.261	0.543	0.703	0.883	1.383	1.833	2.262	2.821	3.250	4.297
10	0.260	0.542	0.700	0.879	1.372	1.812	2.228	2.764	3.169	4.144
11	0.260	0.540	0.697	0.876	1.363	1.796	2.201	2.718	3.106	4.025
12	0.259	0.539	0.695	0.873	1.356	1.782	2.179	2.681	3.055	3.930
13	0.259	0.538	0.694	0.870	1.350	1.771	2.160	2.650	3.012	3.852
14	0.258	0.537	0.692	0.868	1.345	1.761	2.145	2.624	2.977	3.787
15	0.258	0.536	0.691	0.866	1.341	1.753	2.131	2.602	2.947	3.733
16	0.258	0.535	0.690	0.865	1.337	1.746	2.120	2.583	2.921	3.686
17	0.257	0.534	0.689	0.863	1.333	1.740	2.110	2.567	2.898	3.646
18	0.257	0.534	0.688	0.862	1.330	1.734	2.101	2.552	2.878	3.610
19	0.257	0.533	0.688	0.861	1.328	1.729	2.093	2.539	2.861	3.579
20	0.257	0.533	0.687	0.860	1.325	1.725	2.086	2.528	2.845	3.552
21	0.257	0.532	0.686	0.859	1.323	1.721	2.080	2.518	2.831	3.527
22	0.256	0.532	0.686	0.858	1.321	1.717	2.074	2.508	2.819	3.505
23	0.256	0.532	0.685	0.858	1.319	1.714	2.069	2.500	2.807	3.485
24	0.256	0.531	0.685	0.857	1.318	1.711	2.064	2.492	2.797	3.467
25	0.256	0.531	0.684	0.856	1.316	1.708	2.060	2.485	2.787	3.450
26	0.256	0.531	0.684	0.856	1.315	1.706	2.056	2.479	2.779	3.435
27	0.256	0.531	0.684	0.855	1.314	1.703	2.052	2.473	2.771	3.421
28	0.256	0.530	0.683	0.855	1.313	1.701	2.048	2.467	2.763	3.408
29	0.256	0.530	0.683	0.854	1.311	1.699	2.045	2.462	2.756	3.396
30	0.256	0.530	0.683	0.854	1.310	1.697	2.042	2.457	2.750	3.385
40	0.255	0.529	0.681	0.851	1.303	1.684	2.021	2.423	2.704	3.307
50	0.255	0.528	0.679	0.849	1.299	1.676	2.009	2.403	2.678	3.261
100	0.254	0.526	0.677	0.845	1.290	1.660	1.984	2.364	2.626	3.174
150	0.254	0.526	0.676	0.844	1.287	1.655	1.976	2.351	2.609	3.145
∞	0.253	0.524	0.674	0.842	1.282	1.645	1.960	2.326	2.576	3.090

17 Studentverteilung – Werte von t zu gegebenen zweiseitigen symmetrischen Flächenanteilen

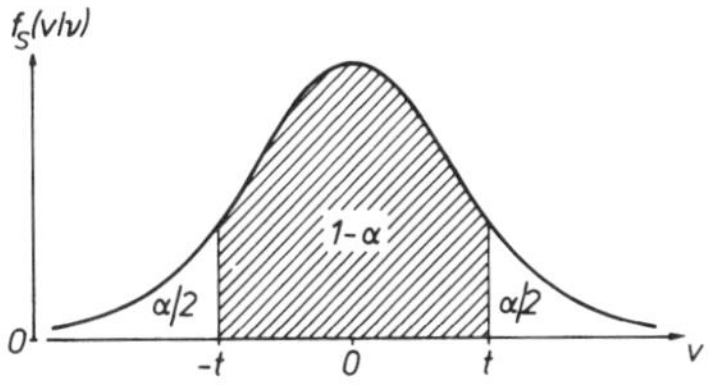

Tabelliert sind die Werte, für die $W(-t < T \leq t) = 1 - \alpha$ gilt.

ν	1 − α									
	0.500	0.750	0.800	0.900	0.950	0.975	0.990	0.995	0.998	0.999
1	1.000	2.414	3.078	6.314	12.706	25.452	63.657	127.321	318.309	636.619
2	0.816	1.604	1.886	2.920	4.303	6.205	9.925	14.089	22.327	31.599
3	0.765	1.423	1.638	2.353	3.182	4.177	5.841	7.453	10.215	12.924
4	0.741	1.344	1.533	2.132	2.776	3.495	4.604	5.598	7.173	8.610
5	0.727	1.301	1.476	2.015	2.571	3.163	4.032	4.773	5.893	6.869
6	0.718	1.273	1.440	1.943	2.447	2.969	3.707	4.317	5.208	5.959
7	0.711	1.254	1.415	1.895	2.365	2.841	3.499	4.029	4.785	5.408
8	0.706	1.240	1.397	1.860	2.306	2.752	3.355	3.833	4.501	5.041
9	0.703	1.230	1.383	1.833	2.262	2.685	3.250	3.690	4.297	4.781
10	0.700	1.221	1.372	1.812	2.228	2.634	3.169	3.581	4.144	4.587
11	0.697	1.214	1.363	1.796	2.201	2.593	3.106	3.497	4.025	4.437
12	0.695	1.209	1.356	1.782	2.179	2.560	3.055	3.428	3.930	4.318
13	0.694	1.204	1.350	1.771	2.160	2.533	3.012	3.372	3.852	4.221
14	0.692	1.200	1.345	1.761	2.145	2.510	2.977	3.326	3.787	4.140
15	0.691	1.197	1.341	1.753	2.131	2.490	2.947	3.286	3.733	4.073
16	0.690	1.194	1.337	1.746	2.120	2.473	2.921	3.252	3.686	4.015
17	0.689	1.191	1.333	1.740	2.110	2.458	2.898	3.222	3.646	3.965
18	0.688	1.189	1.330	1.734	2.101	2.445	2.878	3.197	3.610	3.922
19	0.688	1.187	1.328	1.729	2.093	2.433	2.861	3.174	3.579	3.883
20	0.687	1.185	1.325	1.725	2.086	2.423	2.845	3.153	3.552	3.850
21	0.686	1.183	1.323	1.721	2.080	2.414	2.831	3.135	3.527	3.819
22	0.686	1.182	1.321	1.717	2.074	2.405	2.819	3.119	3.505	3.792
23	0.685	1.180	1.319	1.714	2.069	2.398	2.807	3.104	3.485	3.768
24	0.685	1.179	1.318	1.711	2.064	2.391	2.797	3.091	3.467	3.745
25	0.684	1.178	1.316	1.708	2.060	2.385	2.787	3.078	3.450	3.725
26	0.684	1.177	1.315	1.706	2.056	2.379	2.779	3.067	3.435	3.707
27	0.684	1.176	1.314	1.703	2.052	2.373	2.771	3.057	3.421	3.690
28	0.683	1.175	1.313	1.701	2.048	2.368	2.763	3.047	3.408	3.674
29	0.683	1.174	1.311	1.699	2.045	2.364	2.756	3.038	3.396	3.659
30	0.683	1.173	1.310	1.697	2.042	2.360	2.750	3.030	3.385	3.646
40	0.681	1.167	1.303	1.684	2.021	2.329	2.704	2.971	3.307	3.551
50	0.679	1.164	1.299	1.676	2.009	2.311	2.678	2.937	3.261	3.496
100	0.677	1.157	1.290	1.660	1.984	2.276	2.626	2.871	3.174	3.390
150	0.676	1.155	1.287	1.655	1.976	2.264	2.609	2.849	3.145	3.357
∞	0.674	1.150	1.282	1.645	1.960	2.241	2.576	2.807	3.090	3.291

18 F-Verteilung – Werte von F_c, für die die Verteilungsfunktion den Wert 0.95 annimmt

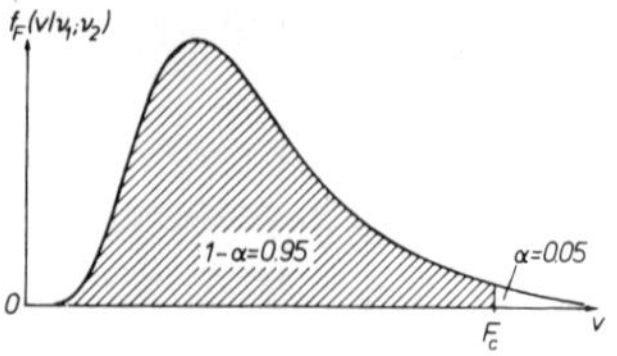

Tabelliert sind die Werte F_c, für die

$$W(0 < F \leq F_c) = F_F(F_c/\nu_1;\nu_2) = F_{1-\alpha;\,\nu_1;\,\nu_2} = 1 - \alpha = 0.95$$ gilt .

ν_2	ν_1 = 1	2	3	4	5	6	7	8	9	10	11
1	161.4	199.5	215.7	224.6	230.2	234.0	236.8	238.9	240.5	241.9	243.0
2	18.51	19.00	19.16	19.25	19.30	19.33	19.35	19.37	19.38	19.40	19.40
3	10.13	9.55	9.28	9.12	9.01	8.94	8.89	8.85	8.81	8.79	8.76
4	7.71	6.94	6.59	6.39	6.26	6.16	6.09	6.04	6.00	5.96	5.94
5	6.61	5.79	5.41	5.19	5.05	4.95	4.88	4.82	4.77	4.74	4.70
6	5.99	5.14	4.76	4.53	4.39	4.28	4.21	4.15	4.10	4.06	4.03
7	5.59	4.74	4.35	4.12	3.97	3.87	3.79	3.73	3.68	3.64	3.60
8	5.32	4.46	4.07	3.84	3.69	3.58	3.50	3.44	3.39	3.35	3.31
9	5.12	4.26	3.86	3.63	3.48	3.37	3.29	3.23	3.18	3.14	3.10
10	4.96	4.10	3.71	3.48	3.33	3.22	3.14	3.07	3.02	2.98	2.94
11	4.84	3.98	3.59	3.36	3.20	3.09	3.01	2.95	2.90	2.85	2.82
12	4.75	3.89	3.49	3.26	3.11	3.00	2.91	2.85	2.80	2.75	2.72
13	4.67	3.81	3.41	3.18	3.03	2.92	2.83	2.77	2.71	2.67	2.63
14	4.60	3.74	3.34	3.11	2.96	2.85	2.76	2.70	2.65	2.60	2.57
15	4.54	3.68	3.29	3.06	2.90	2.79	2.71	2.64	2.59	2.54	2.51
16	4.49	3.63	3.24	3.01	2.85	2.74	2.66	2.59	2.54	2.49	2.46
17	4.45	3.59	3.20	2.96	2.81	2.70	2.61	2.55	2.49	2.45	2.41
18	4.41	3.55	3.16	2.93	2.77	2.66	2.58	2.51	2.46	2.41	2.37
19	4.38	3.52	3.13	2.90	2.74	2.63	2.54	2.48	2.42	2.38	2.34
20	4.35	3.49	3.10	2.87	2.71	2.60	2.51	2.45	2.39	2.35	2.31
21	4.32	3.47	3.07	2.84	2.68	2.57	2.49	2.42	2.37	2.32	2.28
22	4.30	3.44	3.05	2.82	2.66	2.55	2.46	2.40	2.34	2.30	2.26
23	4.28	3.42	3.03	2.80	2.64	2.53	2.44	2.37	2.32	2.27	2.24
24	4.26	3.40	3.01	2.78	2.62	2.51	2.42	2.36	2.30	2.25	2.22
25	4.24	3.39	2.99	2.76	2.60	2.49	2.40	2.34	2.28	2.24	2.20
26	4.23	3.37	2.98	2.74	2.59	2.47	2.39	2.32	2.27	2.22	2.18
27	4.21	3.35	2.96	2.73	2.57	2.46	2.37	2.31	2.25	2.20	2.17
28	4.20	3.34	2.95	2.71	2.56	2.45	2.36	2.29	2.24	2.19	2.15
29	4.18	3.33	2.93	2.70	2.55	2.43	2.35	2.28	2.22	2.18	2.14
30	4.17	3.32	2.92	2.69	2.53	2.42	2.33	2.27	2.21	2.16	2.13
40	4.08	3.23	2.84	2.61	2.45	2.34	2.25	2.18	2.12	2.08	2.04
50	4.03	3.18	2.79	2.56	2.40	2.29	2.20	2.13	2.07	2.03	1.99
60	4.00	3.15	2.76	2.53	2.37	2.25	2.17	2.10	2.04	1.99	1.95
70	3.98	3.13	2.74	2.50	2.35	2.23	2.14	2.07	2.02	1.97	1.93
80	3.96	3.11	2.72	2.49	2.33	2.21	2.13	2.06	2.00	1.95	1.91
90	3.95	3.10	2.71	2.47	2.32	2.20	2.11	2.04	1.99	1.94	1.90
100	3.94	3.09	2.70	2.46	2.31	2.19	2.10	2.03	1.97	1.93	1.89
150	3.90	3.06	2.66	2.43	2.27	2.16	2.07	2.00	1.94	1.89	1.85
200	3.89	3.04	2.65	2.42	2.26	2.14	2.06	1.98	1.93	1.88	1.84
∞	3.84	3.00	2.60	2.37	2.21	2.10	2.01	1.94	1.88	1.83	1.79

18 F-Verteilung – Werte von F_c, für die die Verteilungsfunktion den Wert 0.95 annimmt

(In der Prüfgröße des F-Tests

$$F = \frac{U_1/\nu_1}{U_2/\nu_2} \quad \text{bedeuten}$$

ν_1 die Freiheitsgrade des Zählers und

ν_2 die Freiheitsgrade des Nenners.)

Es gilt

$$F_{\alpha;\,\nu_1;\,\nu_2} = \frac{1}{F_{1-\alpha;\,\nu_2;\,\nu_1}}.$$

ν_2	ν_1										
	12	13	14	15	20	30	40	50	100	200	∞
1	243.9	244.7	245.4	245.9	248.0	250.1	251.1	251.8	253.0	253.7	254.3
2	19.41	19.42	19.42	19.43	19.45	19.46	19.47	19.48	19.49	19.49	19.50
3	8.74	8.73	8.71	8.70	8.66	8.62	8.59	8.58	8.55	8.54	8.53
4	5.91	5.89	5.87	5.86	5.80	5.75	5.72	5.70	5.66	5.65	5.63
5	4.68	4.66	4.64	4.62	4.56	4.50	4.46	4.44	4.41	4.39	4.36
6	4.00	3.98	3.96	3.94	3.87	3.81	3.77	3.75	3.71	3.69	3.67
7	3.57	3.55	3.53	3.51	3.44	3.38	3.34	3.32	3.27	3.25	3.23
8	3.28	3.26	3.24	3.22	3.15	3.08	3.04	3.02	2.97	2.95	2.93
9	3.07	3.05	3.03	3.01	2.94	2.86	2.83	2.80	2.76	2.73	2.71
10	2.91	2.89	2.86	2.85	2.77	2.70	2.66	2.64	2.59	2.56	2.54
11	2.79	2.76	2.74	2.72	2.65	2.57	2.53	2.51	2.46	2.43	2.40
12	2.69	2.66	2.64	2.62	2.54	2.47	2.43	2.40	2.35	2.32	2.30
13	2.60	2.58	2.55	2.53	2.46	2.38	2.34	2.31	2.26	2.23	2.21
14	2.53	2.51	2.48	2.46	2.39	2.31	2.27	2.24	2.19	2.16	2.13
15	2.48	2.45	2.42	2.40	2.33	2.25	2.20	2.18	2.12	2.10	2.07
16	2.42	2.40	2.37	2.35	2.28	2.19	2.15	2.12	2.07	2.04	2.01
17	2.38	2.35	2.33	2.31	2.23	2.15	2.10	2.08	2.02	1.99	1.96
18	2.34	2.31	2.29	2.27	2.19	2.11	2.06	2.04	1.98	1.95	1.92
19	2.31	2.28	2.26	2.23	2.16	2.07	2.03	2.00	1.94	1.91	1.88
20	2.28	2.25	2.22	2.20	2.12	2.04	1.99	1.97	1.91	1.88	1.84
21	2.25	2.22	2.20	2.18	2.10	2.01	1.96	1.94	1.88	1.84	1.81
22	2.23	2.20	2.17	2.15	2.07	1.98	1.94	1.91	1.85	1.82	1.78
23	2.20	2.18	2.15	2.13	2.05	1.96	1.91	1.88	1.82	1.79	1.76
24	2.18	2.15	2.13	2.11	2.03	1.94	1.89	1.86	1.80	1.77	1.73
25	2.16	2.14	2.11	2.09	2.01	1.92	1.87	1.84	1.78	1.75	1.71
26	2.15	2.12	2.09	2.07	1.99	1.90	1.85	1.82	1.76	1.73	1.69
27	2.13	2.10	2.08	2.06	1.97	1.88	1.84	1.81	1.74	1.71	1.67
28	2.12	2.09	2.06	2.04	1.96	1.87	1.82	1.79	1.73	1.69	1.65
29	2.10	2.08	2.05	2.03	1.94	1.85	1.81	1.77	1.71	1.67	1.64
30	2.09	2.06	2.04	2.01	1.93	1.84	1.79	1.76	1.70	1.66	1.62
40	2.00	1.97	1.95	1.92	1.84	1.74	1.69	1.66	1.59	1.55	1.51
50	1.95	1.92	1.89	1.87	1.78	1.69	1.63	1.60	1.52	1.48	1.44
60	1.92	1.89	1.86	1.84	1.75	1.65	1.59	1.56	1.48	1.44	1.39
70	1.89	1.86	1.84	1.81	1.72	1.62	1.57	1.53	1.45	1.40	1.35
80	1.88	1.84	1.82	1.79	1.70	1.60	1.54	1.51	1.43	1.38	1.32
90	1.86	1.83	1.80	1.78	1.69	1.59	1.53	1.49	1.41	1.36	1.30
100	1.85	1.82	1.79	1.77	1.68	1.57	1.52	1.48	1.39	1.34	1.28
150	1.82	1.79	1.76	1.73	1.64	1.54	1.48	1.44	1.34	1.29	1.22
200	1.80	1.77	1.74	1.72	1.62	1.52	1.46	1.41	1.32	1.26	1.19
∞	1.75	1.72	1.69	1.67	1.57	1.46	1.39	1.35	1.24	1.17	1.00

19 F-Verteilung – Werte von F_c, für die die Verteilungsfunktion den Wert 0.99 annimmt

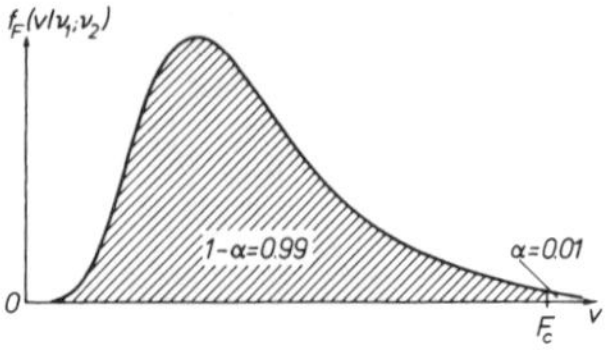

Tabelliert sind die Werte F_c, für die

$$W(0 < F \le F_c) = F_F(F_c/\nu_1;\ \nu_2) = F_{1-\alpha;\,\nu_1;\,\nu_2} = 1 - \alpha = 0.99$$

gilt.

ν_2	ν_1										
	1	2	3	4	5	6	7	8	9	10	11
1	4052	4999	5403	5625	5764	5859	5928	5981	6022	6056	6083
2	98.50	99.00	99.17	99.25	99.30	99.33	99.37	99.38	99.39	99.40	99.41
3	34.12	30.82	29.46	28.71	28.24	27.91	27.67	27.49	27.35	27.23	27.13
4	21.20	18.00	16.69	15.98	15.52	15.21	14.98	14.80	14.66	14.55	14.45
5	16.26	13.27	12.06	11.39	10.97	10.67	10.46	10.29	10.16	10.05	9.96
6	13.75	10.92	9.78	9.15	8.75	8.47	8.26	8.10	7.98	7.87	7.79
7	12.25	9.55	8.45	7.85	7.46	7.19	6.99	6.84	6.72	6.62	6.54
8	11.26	8.65	7.59	7.01	6.63	6.37	6.18	6.03	5.91	5.81	5.73
9	10.56	8.02	6.99	6.42	6.06	5.80	5.61	5.47	5.35	5.26	5.18
10	10.04	7.56	6.55	5.99	5.64	5.39	5.20	5.06	4.94	4.85	4.77
11	9.65	7.21	6.22	5.67	5.32	5.07	4.89	4.74	4.63	4.54	4.46
12	9.33	6.93	5.95	5.41	5.06	4.82	4.64	4.50	4.39	4.30	4.22
13	9.07	6.70	5.74	5.21	4.86	4.62	4.44	4.30	4.19	4.10	4.02
14	8.86	6.51	5.56	5.04	4.69	4.46	4.28	4.14	4.03	3.94	3.86
15	8.68	6.36	5.42	4.89	4.56	4.32	4.14	4.00	3.89	3.80	3.73
16	8.53	6.23	5.29	4.77	4.44	4.20	4.03	3.89	3.78	3.69	3.62
17	8.40	6.11	5.18	4.67	4.34	4.10	3.93	3.79	3.68	3.59	3.52
18	8.29	6.01	5.09	4.58	4.25	4.01	3.84	3.71	3.60	3.51	3.43
19	8.18	5.93	5.01	4.50	4.17	3.94	3.77	3.63	3.52	3.43	3.36
20	8.10	5.85	4.94	4.43	4.10	3.87	3.70	3.56	3.46	3.37	3.29
21	8.02	5.78	4.87	4.37	4.04	3.81	3.64	3.51	3.40	3.31	3.24
22	7.95	5.72	4.82	4.31	3.99	3.76	3.59	3.45	3.35	3.26	3.18
23	7.88	5.66	4.76	4.26	3.94	3.71	3.54	3.41	3.30	3.21	3.14
24	7.82	5.61	4.72	4.22	3.90	3.67	3.50	3.36	3.26	3.17	3.09
25	7.77	5.57	4.68	4.18	3.85	3.63	3.46	3.32	3.22	3.13	3.06
26	7.72	5.53	4.64	4.14	3.82	3.59	3.42	3.29	3.18	3.09	3.02
27	7.68	5.49	4.60	4.11	3.78	3.56	3.39	3.26	3.15	3.06	2.99
28	7.64	5.45	4.57	4.07	3.75	3.53	3.36	3.23	3.12	3.03	2.96
29	7.60	5.42	4.54	4.04	3.73	3.50	3.33	3.20	3.09	3.00	2.93
30	7.56	5.39	4.51	4.02	3.70	3.47	3.30	3.17	3.07	2.98	2.91
40	7.31	5.18	4.31	3.83	3.51	3.29	3.12	2.99	2.89	2.80	2.73
50	7.17	5.06	4.20	3.72	3.41	3.19	3.02	2.89	2.78	2.70	2.63
60	7.08	4.98	4.13	3.65	3.34	3.12	2.95	2.82	2.72	2.63	2.56
70	7.01	4.92	4.07	3.60	3.29	3.07	2.91	2.78	2.67	2.59	2.51
80	6.96	4.88	4.04	3.56	3.26	3.04	2.87	2.74	2.64	2.55	2.48
90	6.93	4.85	4.01	3.53	3.23	3.01	2.84	2.72	2.61	2.52	2.45
100	6.90	4.82	3.98	3.51	3.21	2.99	2.82	2.69	2.59	2.50	2.43
150	6.81	4.75	3.91	3.45	3.14	2.92	2.76	2.63	2.53	2.44	2.37
200	6.76	4.71	3.88	3.41	3.11	2.89	2.73	2.60	2.50	2.41	2.34
∞	6.63	4.61	3.78	3.32	3.02	2.80	2.64	2.51	2.41	2.32	2.25

19 F-Verteilung – Werte von F_c, für die die Verteilungsfunktion den Wert 0.99 annimmt

(In der Prüfgröße des F-Tests

$$F = \frac{U_1/\nu_1}{U_2/\nu_2} \quad \text{bedeuten}$$

ν_1 die Freiheitsgrade des Zählers und
ν_2 die Freiheitsgrade des Nenners.)

Es gilt

$$F_{\alpha;\,\nu_1;\,\nu_2} = \frac{1}{F_{1-\alpha;\,\nu_2;\,\nu_1}}.$$

ν_2	ν_1										
	12	13	14	15	20	30	40	50	100	200	∞
1	6106	6126	6143	6157	6209	6261	6287	6303	6334	6350	6366
2	99.42	99.42	99.43	99.43	99.45	99.47	99.48	99.48	99.49	99.49	99.50
3	27.05	26.98	26.92	26.87	26.69	26.50	26.41	26.35	26.24	26.18	26.13
4	14.37	14.31	14.25	14.20	14.02	13.84	13.75	13.69	13.58	13.52	13.46
5	9.89	9.82	9.77	9.72	9.55	9.38	9.29	9.24	9.13	9.08	9.02
6	7.72	7.66	7.60	7.56	7.40	7.23	7.14	7.09	6.99	6.93	6.88
7	6.47	6.41	6.36	6.31	6.16	5.99	5.91	5.86	5.75	5.70	5.65
8	5.67	5.61	5.56	5.52	5.36	5.20	5.12	5.07	4.96	4.91	4.86
9	5.11	5.05	5.01	4.96	4.81	4.65	4.57	4.52	4.41	4.36	4.31
10	4.71	4.65	4.60	4.56	4.41	4.25	4.17	4.12	4.01	3.96	3.91
11	4.40	4.34	4.29	4.25	4.10	3.94	3.86	3.81	3.71	3.66	3.60
12	4.16	4.10	4.05	4.01	3.86	3.70	3.62	3.57	3.47	3.41	3.36
13	3.96	3.91	3.86	3.82	3.66	3.51	3.43	3.38	3.27	3.22	3.17
14	3.80	3.75	3.70	3.66	3.51	3.35	3.27	3.22	3.11	3.06	3.00
15	3.67	3.61	3.56	3.52	3.37	3.21	3.13	3.08	2.98	2.92	2.87
16	3.55	3.50	3.45	3.41	3.26	3.10	3.02	2.97	2.86	2.81	2.75
17	3.46	3.40	3.35	3.31	3.16	3.00	2.92	2.87	2.76	2.71	2.65
18	3.37	3.32	3.27	3.23	3.08	2.92	2.84	2.78	2.68	2.62	2.57
19	3.30	3.24	3.19	3.15	3.00	2.84	2.76	2.71	2.60	2.55	2.49
20	3.23	3.18	3.13	3.09	2.94	2.78	2.69	2.64	2.54	2.48	2.42
21	3.17	3.12	3.07	3.03	2.88	2.72	2.64	2.58	2.48	2.42	2.36
22	3.12	3.07	3.02	2.98	2.83	2.67	2.58	2.53	2.42	2.36	2.31
23	3.07	3.02	2.97	2.93	2.78	2.62	2.54	2.48	2.37	2.32	2.26
24	3.03	2.98	2.93	2.89	2.74	2.58	2.49	2.44	2.33	2.27	2.21
25	2.99	2.94	2.89	2.85	2.70	2.54	2.45	2.40	2.29	2.23	2.17
26	2.96	2.90	2.86	2.81	2.66	2.50	2.42	2.36	2.25	2.19	2.13
27	2.93	2.87	2.82	2.78	2.63	2.47	2.38	2.33	2.22	2.16	2.10
28	2.90	2.84	2.79	2.75	2.60	2.44	2.35	2.30	2.19	2.13	2.06
29	2.87	2.81	2.77	2.73	2.57	2.41	2.33	2.27	2.16	2.10	2.03
30	2.84	2.79	2.74	2.70	2.55	2.39	2.30	2.25	2.13	2.07	2.01
40	2.66	2.61	2.56	2.52	2.37	2.20	2.11	2.06	1.94	1.87	1.80
50	2.56	2.51	2.46	2.42	2.27	2.10	2.01	1.95	1.82	1.76	1.68
60	2.50	2.44	2.39	2.35	2.20	2.03	1.94	1.88	1.75	1.68	1.60
70	2.45	2.40	2.35	2.31	2.15	1.98	1.89	1.83	1.70	1.62	1.54
80	2.42	2.36	2.31	2.27	2.12	1.94	1.85	1.79	1.65	1.58	1.49
90	2.39	2.33	2.29	2.24	2.09	1.92	1.82	1.76	1.62	1.55	1.46
100	2.37	2.31	2.27	2.22	2.07	1.89	1.80	1.74	1.60	1.52	1.43
150	2.31	2.25	2.20	2.16	2.00	1.83	1.73	1.66	1.52	1.43	1.33
200	2.27	2.22	2.17	2.13	1.97	1.79	1.69	1.63	1.48	1.39	1.28
∞	2.18	2.13	2.08	2.04	1.88	1.70	1.59	1.52	1.36	1.25	1.00

20 Kolmogorov-Smirnov-Prüfgröße – Einstichprobentest

Tabelliert sind die Werte d_c, für die $W(0 < D \leq d_c) = 1 - \alpha$ gilt.[1]

n	$1-\alpha$				
	0.80	0.90	0.95	0.98	0.99
1	0.90000	0.95000	0.97500	0.99000	0.99500
2	0.68377	0.77639	0.84189	0.90000	0.92929
3	0.56481	0.63604	0.70760	0.78456	0.82900
4	0.49265	0.56522	0.62394	0.68887	0.73424
5	0.44698	0.50945	0.56328	0.62718	0.66853
6	0.41037	0.46799	0.51926	0.57741	0.61661
7	0.38148	0.43607	0.48342	0.53844	0.57581
8	0.35831	0.40962	0.45427	0.50654	0.54179
9	0.33910	0.38746	0.43001	0.47960	0.51332
10	0.32260	0.36866	0.40925	0.45662	0.48893
11	0.30829	0.35242	0.39122	0.43670	0.46770
12	0.29577	0.33815	0.37543	0.41918	0.44905
13	0.28470	0.32549	0.36143	0.40362	0.43247
14	0.27481	0.31417	0.34890	0.38970	0.41762
15	0.26588	0.30397	0.33760	0.37713	0.40420
16	0.25778	0.29472	0.32733	0.36571	0.39201
17	0.25039	0.28627	0.31796	0.35528	0.38086
18	0.24360	0.27851	0.30936	0.34569	0.37062
19	0.23735	0.27136	0.30143	0.33685	0.36117
20	0.23156	0.26473	0.29408	0.32866	0.35241
21	0.22617	0.25858	0.28724	0.32104	0.34427
22	0.22115	0.25283	0.28087	0.31394	0.33666
23	0.21645	0.24746	0.27490	0.30728	0.32954
24	0.21205	0.24242	0.26931	0.30104	0.32286
25	0.20790	0.23768	0.26404	0.29516	0.31657
26	0.20399	0.23320	0.25907	0.28962	0.31064
27	0.20030	0.22898	0.25438	0.28438	0.30502
28	0.19680	0.22497	0.24993	0.27942	0.29971
29	0.19348	0.22117	0.24571	0.27471	0.29466
30	0.19032	0.21756	0.24170	0.27023	0.28987
31	0.18732	0.21412	0.23788	0.26596	0.28530
32	0.18445	0.21085	0.23424	0.26189	0.28094
33	0.18171	0.20771	0.23076	0.25801	0.27677
34	0.17909	0.20472	0.22743	0.25429	0.27279
35	0.17659	0.20185	0.22425	0.25073	0.26897
36	0.17418	0.19910	0.22119	0.24732	0.26532
37	0.17188	0.19646	0.21826	0.24404	0.26180
38	0.16966	0.19392	0.21544	0.24089	0.25843
39	0.16753	0.19148	0.21273	0.23786	0.25518
40	0.16547	0.18913	0.21012	0.23494	0.25205
>40	$\approx 1.07/\sqrt{n}$	$\approx 1.22/\sqrt{n}$	$\approx 1.36/\sqrt{n}$	$\approx 1.51/\sqrt{n}$	$\approx 1.63/\sqrt{n}$

[1] Vgl. Leslie M. Miller: Table of Percentage Points of Kolmogorov Statistics. Journal of the American Statistical Association, 51 (1956), 111–121.

21 Produktmomentkorrelationskoeffizient – Zufallshöchstwerte bei Einfachkorrelation

Tabelliert sind zu gegebenen Wahrscheinlichkeiten $1-\alpha$ die Zufallshöchstwerte r_c des Produktmomentkorrelationskoeffizienten einer Stichprobe vom Umfang n aus einer Grundgesamtheit mit dem wahren Korrelationskoeffizienten $\varrho = 0$ (Einseitige Fragestellung).

n	$1-\alpha$					
	0.750	0.900	0.950	0.975	0.990	0.995
3	0.7071	0.9511	0.9877	0.9969	0.9995	0.9999
4	0.5000	0.8000	0.9000	0.9500	0.9800	0.9900
5	0.4040	0.6870	0.8054	0.8783	0.9343	0.9587
6	0.3473	0.6084	0.7293	0.8114	0.8822	0.9172
7	0.3091	0.5509	0.6694	0.7545	0.8329	0.8745
8	0.2811	0.5067	0.6215	0.7067	0.7887	0.8343
9	0.2596	0.4716	0.5822	0.6664	0.7498	0.7977
10	0.2423	0.4428	0.5493	0.6319	0.7155	0.7646
11	0.2281	0.4187	0.5214	0.6021	0.6851	0.7348
12	0.2161	0.3981	0.4973	0.5760	0.6581	0.7079
13	0.2058	0.3802	0.4762	0.5529	0.6339	0.6835
14	0.1968	0.3646	0.4575	0.5324	0.6120	0.6614
15	0.1890	0.3507	0.4409	0.5140	0.5923	0.6411
16	0.1820	0.3383	0.4259	0.4973	0.5742	0.6226
17	0.1757	0.3271	0.4124	0.4822	0.5577	0.6055
18	0.1700	0.3170	0.4000	0.4683	0.5426	0.5897
19	0.1649	0.3077	0.3887	0.4555	0.5285	0.5751
20	0.1602	0.2992	0.3783	0.4438	0.5155	0.5614
21	0.1558	0.2914	0.3687	0.4329	0.5034	0.5487
22	0.1518	0.2841	0.3598	0.4227	0.4921	0.5368
23	0.1481	0.2774	0.3515	0.4132	0.4815	0.5256
24	0.1447	0.2711	0.3438	0.4044	0.4716	0.5151
25	0.1415	0.2653	0.3365	0.3961	0.4622	0.5052
30	0.1281	0.2407	0.3061	0.3610	0.4226	0.4629
35	0.1179	0.2220	0.2826	0.3338	0.3916	0.4296
40	0.1098	0.2070	0.2638	0.3120	0.3665	0.4026
45	0.1032	0.1947	0.2483	0.2940	0.3457	0.3801
50	0.0976	0.1843	0.2353	0.2787	0.3281	0.3610
60	0.0888	0.1678	0.2144	0.2542	0.2997	0.3301
70	0.0820	0.1550	0.1982	0.2352	0.2776	0.3060
80	0.0765	0.1448	0.1852	0.2199	0.2597	0.2864
90	0.0720	0.1364	0.1745	0.2072	0.2449	0.2702
100	0.0682	0.1292	0.1654	0.1966	0.2324	0.2565

22 Ausgewählte Literatur

Ein umfassendes Standardwerk zum Thema Verteilungen (mit zahlreichen Literaturhinweisen) sind folgende Bände:

Johnson, Norman L., Samuel Kotz, Adrienne W. Kemp, Univariate Discrete Distributions (3rd ed.). Hoboken (N. J.) 2005.

Johnson, Norman L., Samuel Kotz, N. Balakrishnan, Continuous Univariate Distributions Vol. 1 u. 2 (2nd ed.). New York usw. 1994 u. 1995.

Johnson, Norman L., Samuel Kotz, N. Balakrishnan, Discrete Multivariate Distributions. New York usw. 1997.

Kotz, Samuel, N. Balakrishnan, Norman L. Johnson, Continuous Multivariate Distributions, Vol. 1, Models and Applications (2nd ed.). New York usw. 2000.

Statistische Formel- und Tabellensammlungen (teilweise vergriffen):

Asq Quality Press (Hrsg.), Glossary And Tables for Statistical Quality Control (4th ed.). Milwaukee (Wisc.) 2004.

Beyer, William H., CRC Handbook of Tables for Probability and Statistics (2nd ed.). Cleveland (Ohio) 1990.

Bosch, Karl, Statistik-Taschenbuch (3. verb. Aufl.). München, Wien 1998.

Burlington, Richard Stevens, Donald May, Handbook of Probability and Statistics –With Tables (2nd ed.). New York usw. 1970.

Evans, Merran, Nicholas Hastings, Brian Peacock, Statistical Distributions (3rd ed.). New York usw. 2000.

Graf, Ulrich, Hans-Joachim Henning, Kurt Stange, Peter Theodor Wilrich, Formeln und Tabellen der angewandten mathematischen Statistik (3. Aufl., korr. Nachdruck). Berlin 1998.

Hastings, N. A. J., J. B. Peacock, Statistical Distributions – A Handbook for Students and Practitioners. London 1979.

Hippmann, Hans-Dieter, Formelsammlung Statistik – Statistische Grundbegriffe, Formeln, Schaubilder und Tabellen. Stuttgart 1995.

Kokoska, Stephen, Daniel Zwillinger, CRC Standard Probability and Statistical Tables and Formulae, Student Edition (Paperback). Boca Raton (Fl.) 2000.

Koller, Siegfried, Neue graphische Tafeln zur Beurteilung statistischer Zahlen (4. Aufl.). Darmstadt 1969.

Müller, P. Heinz, Peter Neumann, Regina Storm, Tafeln der mathematischen Statistik (2. Aufl.). München, Wien 1985.

Murdoch, J., J. A. Barnes, Statistical Tables for Science, Engineering, Management and Business Studies (4th rev. ed.). Houndmills, Basingstoke, Hampshire and London 1998.

Odeh, Robert W., Donald B. Owen, Z. W. Birnbaum, Lloyd Fisher, Pocket Book of Statistical Tables. New York, Basel 1977.

Odeh, Robert W., Donald B. Owen, Attribute Sampling Plans, Tables of Tests and Confidence Limits for Proportions. New York, Basel 1983.

Owen, Donald B., Handbook of Statistical Tables. Reading (Mass.), Menlo Park (Cal.), London usw. 1962.

Patel, Jagdish K., C. H. Kapadia, D. B. Owen, Handbook of Statistical Distributions. New York, Basel 1976.

Pearson, E. S., H. O. Hartley, Biometrika Tables for Statisticians Vol. 1 (3. Aufl.) und Vol. 2 (1. Aufl.). Cambridge (korr. Neudruck) 1976.

Rinne, Horst, Taschenbuch der Statistik (4., überarb. u. erw. Aufl.). Frankfurt a. M. 2008.

Vianelli, Silvio, Prontuari per Calcoli Statistici. Bologna 1959.

Vogel, Friedrich, Beschreibende und schließende Statistik – Formeln, Definitionen, Erläuterungen, Stichwörter und Tabellen (13., korr. u. erw. Aufl.). München, Wien 2005.

Wetzel, Wolfgang, Max-Detlev Jöhnk, Peter Naeve, Statistische Tabellen. Berlin 1967.

Wissenschaftliche Tabellen. Documenta Geigy (7. Ausgabe). Redaktion: Konrad Diem und Cornelius Leutner. Herausgegeben von Ciba-Geigy Ltd. Basel 1977.

Zwillinger, Daniel, Stephen Kokoska, CRC Standard Probability and Statistical Tables and Formulae (Hardcover). Boca Raton (Fl.) 2000.

Statistische Tabellensammlungen, die bis zum Jahr 1962 erschienen sind, sind zusammengestellt in:

Greenwood, J. A., H. O. Hartley, Guide to Tables in Mathematical Statistics. Princeton (N.J.) 1962.

Statistik-Software

Statistik-Software

1
2
3

1 Einführung

Der **Leistungsfähigkeit und Benutzerfreundlichkeit** der Statistik-Software wegen ist die praktische Anwendung statistischer Methoden in Wissenschaft und Praxis heute weit verbreitet.

Von den führenden Statistik-Software-Herstellern werden heute durchweg menügesteuerte, interaktive **Statistik-Software-Pakete** für **Personalcomputer** (PC) vor allem unter der Benutzeroberfläche Microsoft WINDOWS angeboten. Dies hat den großen Vorteil, daß auch bei statistischen Analysen die gewohnte Umgebung der Benutzeroberfläche WINDOWS nicht verlassen werden muß. – Gerade der **bequeme Austausch von Daten beim Verbund gleichartiger Programme** (z. B. von Datenbank-, Tabellenkalkulations-, Grafik-, Statistik- und Textverarbeitungsprogrammen) führt zu großen Arbeitserleichterungen. So ist es z. B. möglich, die bereits in einem Tabellenkalkulationsprogramm (z. B. Microsoft EXCEL) erfaßten Daten zunächst mit den schon hier implementierten Statistik-Prozeduren (z. B. Prozeduren zur Berechnung von Mittelwerten und Streuungsmaßen sowie zur Durchführung von einfachen Regressionsanalysen und zur Erstellung von Diagrammen) zu analysieren. Erst wenn anspruchsvollere Verfahren (z. B. Verfahren zur Berechnung und Darstellung von Scatterplotmatrizen, statistische Testverfahren, Diskriminanzanalysen, Clusteranalysen und Faktorenanalysen) zur Anwendung kommen sollen, wird der Übergang zu Statistik-Software-Paketen notwendig; wählt man ein geeignetes Programmsystem unter WINDOWS, ist der Datenaustausch besonders einfach. Die Ergebnisse können dann auch meist problemlos in die mit WINDOWS-Textverarbeitungsprogrammen erstellten Dokumente eingebunden werden.

Da die PC schnell immer leistungsfähiger geworden sind, ist die Verwendung von **Großrechnern** (Mainframes) heute nur noch dann unverzichtbar, wenn es gilt, *sehr große Datenmengen* zu erfassen, aufzuarbeiten und zu analysieren oder wenn *sehr rechenaufwendige statistische Verfahren* zur Anwendung kommen sollen. – Soweit man aber aus diesen Gründen nicht zur Arbeit am Mainframe gezwungen ist, wird man bei der Bewältigung statistischer Probleme immer am PC arbeiten. So bietet sich der PC beispielsweise auch dafür an, große Dateien, die auf dem Großrechner vorverdichtet wurden, einer *effizienten Datenvisualisierung und Schlußbearbeitung* zu unterziehen.

2 Wichtige Kriterien bei der Auswahl von Statistik-Software

Bei der **Auswahl geeigneter Statistik-Software** sollte man **vor allem folgende Kriterien** beachten:

- **Breite und Tiefe der angebotenen statistischen Prozeduren**

  Was die *Breite* der angebotenen statistischen Prozeduren betrifft, sind Statistik-Software-Pakete mit mehr allgemein ausgerichtetem Methodenspektrum von solchen für spezielle statistische Fragestellungen (z. B. für Testverfahren, anspruchsvollere Zeitreihenanalysen oder Lebensdaueranalysen) zu unterscheiden. – Auch die *Tiefe* einer Prozedur kann sehr unterschiedlich sein: So gibt es beispielsweise bei der Clusteranalyse in manchen Software-Paketen Optionen für fast alle gängigen Distanzmaße, während andere sich mit einem einzigen Distanzmaß begnügen.

- **Grafische Darstellungsmöglichkeiten**

  Gute interaktive Grafikeigenschaften spielen bei der Auswahl eines Statistik-Software-Pakets eine große Rolle, da die *Datenvisualisierung* (Untersuchung des Datenmaterials mit grafischen Hilfsmitteln zur Erkennung von Strukturen und zur Generierung von Hypothesen) neben den *Präsentationsgrafiken* (Darstellung von Ergebnissen in Form von Schaubildern) sehr wichtig ist.

- **Leistungsfähigkeit**

  Bei der Beurteilung der Leistungsfähigkeit eines Statistik-Software-Pakets sind vor allem der maximale *Umfang der zu verarbeitenden Datenmengen,* die *Rechengeschwindigkeit* und die *Rechengenauigkeit* von Bedeutung. – Gute Statistik-Software-Pakete zeichnen sich dadurch aus, daß sie die Systemressourcen des PC optimal nutzen. Bei der Wahl eines bestimmten Statistik-Software-Pakets sollte auf jeden Fall geprüft werden, ob die maximale Anzahl von Variablen- und/oder Fällen bei den vom Anwender gewünschten Prozeduren tatsächlich verarbeitet werden kann.

- **Hard- und Software-Voraussetzungen**

  Bei der Kaufentscheidung für ein kommerziell angebotenes PC-Statistik-Software-Paket spielen die *Hard- und Software-Voraussetzungen nur noch eine relativ geringe Rolle,* da heute leistungsfähige PC preiswert erhältlich sind.

- **Datenmanagement**

  Beim Datenmanagement sollte eine *Dateneingabe über ein Spreadsheet* – wie es von den Tabellenkalkulationsprogrammen her bekannt ist – selbstverständlich sein. Darüber hinaus sollten auch Möglichkeiten zur *Datenmodifikation und -transformation (z. B. Standardisierung)* zur Verfügung stehen. – Auch bei der Wahl eines WINDOWS-Statistik-Software-Pakets ist auf eine ausreichende Anzahl von *Schnittstellen* zum Datenaustausch mit anderen WINDOWS-Applikationen zu achten.

- **Dokumentation und technische Unterstützung**

  Die heute übliche menügesteuerte Benutzerführung von Statistik-Software-Paketen kann zu einer unkritischen Anwendung der Methoden führen. Die Dokumentation sollte sich deshalb *nicht nur auf eine reine Beschreibung der Bedienung des Programms* beschränken, sondern auch die jeweiligen *methodischen Grundlagen* skizzieren und Hinweise auf die entsprechende *weiterführende Literatur* geben.
  Besonders komfortabel wird das Arbeiten am PC dann, wenn die Dokumentation über eine *Online-Hilfe am Bildschirm* verfügbar ist.

  Über die reine Dokumentation hinaus, wird von den Softwarehäusern oft auch eine weitere technische Unterstützung (z. B. Hotlines und Schulungen) angeboten.

- **Preis und Preis-Leistungsverhältnis**

  Neben der absoluten *Höhe des Preises,* der nach dem Umfang und der Leistung des Statistik-Software-Pakets natürlich stark schwanken kann, spielt insbesondere das *Preis-Leistungsverhältnis* eine Rolle. – Vielfach existieren neben den *Listenpreisen* auch *spezielle Preise* für Netzwerke, Universitäten (Campuslizenzen), Studenten und Schulen.

3 Statistik-Software: Einige Beispiele

Nach der Breite des angebotenen Methodenspektrums unterscheidet man

- Statistik-Software-Pakete mit einem breiten Methodenspektrum (**universelle Statistik-Software-Pakete**) und
- Statistik-Software-Pakete für spezielle Fragestellungen (**spezielle Statistik-Software-Pakete**).

Angesichts der **großen Anzahl der auf dem Statistik-Software-Markt angebotenen Produkte** und angesichts der von Zeit zu Zeit erscheinenden neuen Versionen der einzelnen Software-Pakete fällt es dem Benutzer schwer, das für die eigenen Zwecke am besten geeignete System auszuwählen.
Beispielsweise der Internet-Beitrag **Statistik-Software-Listen** der Universität Köln (www.uni-koeln.de/themen/statistik/software) oder die Zusammenstellung **stata Data Analysis and Statistical Software** der Firma Stata Corp LP (www.stata.com/links/stat_software.html) zeigen die Vielfalt der heute angebotenen Statistik-Software.
Einen guten **Überblick über Statistik-Software** bietet auch die umfangreiche und informative Website der Statistik-Consulting-Firma STATCON: www.statcon.de. – Neben einer breiten Palette von Statistik-Software bietet STATCON auch Software-Kurse und Statistisches Consulting an.

Da sich Statistik-Software-Pakete hinsichtlich der im 2. Abschnitt besprochenen Kriterien immer ähnlicher geworden sind, sollen nur die Produkte folgender Softwarehäuser kurz besprochen werden:

1. **IBM SPSS**
2. **SAS**
3. **STATGRAPHICS**
4. **STATISTICA**

1 IBM SPSS

Der Statistik-Software-Hersteller **SPSS** gehört seit Jahrzehnten zu den führenden Anbietern von Statistik-Software. Gegründet wurde SPSS bereits 1968 als **S**tatistical **P**ackage for the **S**ocial **S**ciences; im Oktober 2009 wurde er von **IBM** übernommen.

Zu den klassischen Anwendungen der statistischen Datenanalyse kamen jedoch in den letzten Jahren leistungsfähige und branchenspezifische Lösungen des Predictive Analytics aus den Bereichen Data

Mining, Text und Web Mining sowie Umfragetechnologien und Marktforschung hinzu.
Programme der SPSS-Produktfamilie sind für die Betriebssysteme Windows, Apple Macintosh, UNIX, Linux und viele Großrechner-Betriebssysteme verfügbar.

Die nachfolgenden Ausführungen beziehen sich ausschließlich auf die **Windows-Version** von SPSS, die sowohl als Desktop-Variante (für die lokale Nutzung) als auch in der Client-Server-Architektur (zur Verarbeitung extrem großer Datenbestände) erhältlich ist.

Die Programmstruktur von SPSS für Windows erlaubt ein komplexes Datenmanagement mit hohem Standard (Einlesen, Definieren, Transformieren und Editieren von Daten in verschiedenen Formaten), wozu der **SPSS-Dateneditor** als spreadsheet-artiges Arbeitsmittel zur Verfügung steht. Die Ergebnisse statistischer Analysen werden wahlweise als Tabellen, Grafiken oder Textelemente im **SPSS-Viewer** in ihrer chronologischen Reihenfolge dargestellt und können zur weiteren Bearbeitung bzw. zum Export in andere Anwendungen gezielt ausgewählt werden. Da SPSS für Windows ursprünglich von der SPSS-Großrechnerversion abstammt, kann für automatisierte Auswertungen bei Bedarf auch auf die Kommandosprache der **SPSS-Syntax** zurückgegriffen werden. Zusätzlich zur SPSS-Syntax wird ein Visual-Basic-Dialekt **(SPSS-Skripten)** sowie die Integration der Programmiersprachen **GPL** (Graphics Production Language) und Python **(SPSS Python Plug-In)** angeboten. SPSS für Windows ist insofern ein offenes System, als es noch Modifikationen der angegebenen Prozeduren zulässt.

SPSS für Windows ist modular aufgebaut; d.h. neben dem ***Basismodul*** **IBM SPSS Statistics** gibt es eine Reihe von ***Zusatzmodulen.*** Besonders für den professionellen Anwender dürfte die Tiefe der in den einzelnen Modulen angebotenen Prozeduren interessant sein. Bei den einzelnen statistischen Methoden werden meist alle gängigen, aus den einschlägigen Statistik-Lehrbüchern bekannten Algorithmen angeboten und um neue, verbesserte Verfahren ergänzt.

Basismodul:

IBM SPSS Statistics ermöglicht auf einfache Weise das *Editieren und Formatieren von Daten. Direkte Schnittstellen* bestehen u. a. zu SPSS-Dateien, MS EXCEL, MS ACCESS, dBase und Textdateien. Der *Zugriff auf eine Reihe moderner Datenbanken* ist möglich. *Weitere Zugriffsmöglichkeiten* bestehen über ODBC und auf aktuelle SAS-Files. SPSS ermöglicht durch seine *Datenmanagement-Funktionen* die Zu-

sammenführung von Daten, die Berechnung neuer Variablen, das Aggregieren von Dateien, das Auswählen von Fällen sowie die Umstrukturierung der Daten zur Aufbereitung mit dem „Data Re-structure Wizard".
Neben *statistischen Standardverfahren* wie etwa Häufigkeitsverteilungen, Mittelwerts- und Streuungsberechnungen, T-Tests und Lineare Regression umfasst das Base System auch anspruchsvollere statistische Verfahren wie beispielsweise ANOVA-Modelle, Nichtparametrische Tests, Clusteranalyse, Diskriminanzanalyse, Faktorenanalyse, Korrelationen, Einfaktorielle Varianzanalyse, Kurvenanpassung, Reliabilitätsanalyse, TwoStepCluster, Multidimensionale Skalierung und Verhältnisstatistik (descriptive ratio statistic). Die Ergebnisse können z. B. mit OLAP-Würfel, Pivotierbaren Tabellen in individuellem Layout und einer umfangreichen Palette an 2D- und 3D-Grafiken dargestellt werden. – Der Export in verschiedene Grafikformate, in MS Office-Anwendungen (Word, Excel, Powerpoint)
und in HTML ist möglich.

Wichtige Zusatzmodule:
(Ihre Verwendung setzt die Installation des Basismoduls *IBM SPSS Statistics* voraus.)

IBM SPSS Custom Tables erlaubt die präsentationsreife Darstellung von Ergebnissen und die komfortable Verwaltung von Mehrantworten-Sets. Das Modul ermöglicht die Auswahl aus Statistiken für Zellen und Übersichtsdaten, die Berechnung von Prozentwerten von Daten mit Mehrfachantworten-Sets, die Verkettung sämtlicher Dimensionen für die Aufnahme von Mehrfachvariablen mit unterschiedlichen Statistiken in einer einzigen Tabelle und die Unterscheidung nach der Art der fehlenden Werte in ihren Daten, so dass fehlende Antworten eindeutig angezeigt werden können.

IBM SPSS Regression schließt folgende Verfahren ein: Multinomiale logistische Regression, Binäre logistische Regression, Uneingeschränkte nichtlineare Regression, Eingeschränkte nichtlineare Regression, Gewichtete kleinste Quadrate, Zweistufige kleinste Quadrate und Probitanalysen.

IBM Advanced Statistics enthält anspruchsvollere statistische Verfahren wie Lineare gemischte Modelle, Allgemeine lineare Modelle, Fixed-Effect-Analyse von Varianzen (ANOVA), Kovarianzanalyse (ANCOVA), Multivariate Varianzanalyse (MANOVA) sowie Multivariate Kovarianzanalyse (MANCOVA), ANOVA und ANCOVA nach Zufalls- oder Mischverfahren, Wiederholte Messungen von ANOVA und MANOVA für Messwiederholungen, Schätzung von Varianzkomponenten, Allgemeine Modelle von mehrdimensionalen Kontingenztafeln, Hierarchische logarithmisch-lineare Modelle für mehrdimensionale Kontingenztafeln, Logarithmisch-lineare und Logit-Modelle für die Datenzählung durch generalisiertes lineares Modellkonzept, Überlebensanalyse, Kaplan-Meier-Schätzverfahren für die Schätzung der Zeitdauer bis zum Eintritt eines Ereignisses, Cox-Regression und PLUM.

IBM SPSS Categories stellt statistische Verfahren speziell für kategoriale Daten zur Verfügung, wie sie in der Produktforschung und bei Einstellungsmessungen benötigt werden: Analyse der Hauptkomponenten durch alternierende kleinste Quadrate, Korrespondenzanalyse, Kategoriale Regressionsanalyse durch optimale Skalierung, Homogenitätsanalyse durch alternierende kleinste Quadrate, (auch bekannt als mehrfache Korrespondenzanalyse) und Kanonische Korrelationsanalyse von zwei oder mehr Variablensets durch alternierende kleinste Quadrate.

IBM SPSS Decision Trees bietet verschiedene Entscheidungsbaum-Algorithmen zur Datensegmentierung bezüglich eines Zielkriteriums an. Mittels vier verschiedener Baumaufbaumethoden werden automatisch jeweils in Bezug auf das Zielkriterium in sich homogene Segmente im Datenbestand erkannt und in intuitiven Baumdiagrammen dargestellt. Basierend auf diesen Segmenten können Klassifikations- und Vorhersageregeln (z.B. für die Prognose der Klassifikation neuer Fälle in eines der gebildeten Segmente) generiert werden, wobei die Regeln wahlweise als SPSS-Syntax, SQL-Statement oder einfacher Text verfügbar sind.

IBM SPSS Data Preparation ermöglicht eine umfassende Überprüfung der Validität der Daten zur Identifikation ungültiger Fälle, Variablen- oder Datenwerte. Dabei können für eine einzelne oder mehrere Variablen entweder eigene, nach inhaltlichen Gesichtspunkten definierte Validierungsregeln oder statistische Regeln (z. B. auf Basis der Mindest-Standardabweichung oder des -variationskoeffizienten) definiert werden. Da die Validierungsregeln im Datenlexikon der Datendatei gespeichert werden, können einmal definierte Regeln immer wieder verwendet werden und machen damit die Bewertung der Datenqualität automatisierbar. Somit erleichtert das Modul die oft aufwändige, manuelle Suche nach Ausreißern und Anomalien innerhalb eines Datensatzes.

IBM SPSS Conjoint enthält Verfahren der Conjointanalyse, mit der Eigenschaftskombinationen von Produkten auf ihre Attraktivität hin untersucht werden können: Gebrochene Faktorauslegungen der orthogonalen Haupteffekte (nicht auf zweistufige Faktoren beschränkt!), Erstellung von Druckkarten für zusammengesetzte Experimente (die gedruckten Karten werden als Stimuli für Sortierung, Rangfolgeerstellung oder Bewertung durch die Subjekte verwendet) und Durchführung einer normalen Analyse der Vorlieben- oder Bewertungsdaten nach der Methode der kleinsten Quadrate.

IBM SPSS Exact Tests enthält Tests für kleine Stichproben oder für Fälle mit geringer Zellenbesetzung in Einzelkategorien. Hierzu gehören Tests basierend auf einer, zwei oder mehr als zwei Stichproben aus unabhängigen oder abhängigen Grundgesamtheiten, Tests für die Güte der Anpassung, Unabhängigkeitstests in RxC-Kontingenztafeln und Tests für Assoziationsmaße.

IBM SPSS Complex Samples umfasst Prozeduren für höhere Stichprobenverfahren, nämlich für Stratified Sampling, Clustered Sampling und Multistage Sampling (bis zu 3 Stufen). Die Software ermöglicht die komfortable Planung, die eigentliche Ziehung und die detaillierte Auswertung der Stichproben. Es stehen Modelle mit und ohne Zurücklegen sowie mit gleichen und unterschiedlichen Auswahlwahrscheinlichkeiten zur Verfügung. Geschätzt werden können Mittelwerte, Summen und Anteile mit ihren Konfidenzintervallen.

IBM SPSS Forecasting ermöglicht umfassende Prognosen und Zeitreihenanalysen, und zwar unter Verwendung von Maximum-Likelihood-Schätzungen für saisonale und nichtsaisonale univariate Modelle (ARIMA), Exponentielle Glättungsverfahren für die Schätzung von bis zu vier Parametern aus 12 ausgewählten verfügbaren Modellen, Schätzung multiplikativer oder additiver saisonabhängiger Faktoren für periodische Zeitreihen, Zerlegung einer Zeitreihe in eine harmonische Komponente, eine Gruppe regelmäßiger periodischer Funktionen mit unterschiedlichen Wellenlängen oder Perioden (Spektralanalyse) und Schätzung eines Regressionsmodells, wenn die Residuen zwischen einem einzelnen Zeitpunkt und dem nächsten korrelieren.

IBM SPSS Missing Values hilft dabei, Verzerrungen der Ergebnisse zu entdecken, die auf fehlende Daten zurückzuführen sind, und zwar durch Analyse der Muster fehlender Daten, Ersetzen fehlender Werte durch geschätzte Werte, EM-Algorithmus und Regressionsalgorithmus.

SPSS für Windows ist mit den einzelnen Modulen in einer Reihe von (deutschsprachigen) Benutzerhandbüchern ausführlich beschrieben (meist auch als CD-ROMs erhältlich), die von SPSS direkt vertrieben werden (http://www.spss.com/estore). Eine Hilfefunktion steht in den einzelnen Dialogfeldern am Bildschirm zur Verfügung. Außerdem gibt es eine Reihe von Anwendungshandbüchern mit SPSS-Bezug, die entsprechend der Produktweiterentwicklung von verschiedenen Verlagen immer wieder aktualisiert angeboten werden.

Die SPSS-Produkte sind in der gehobenen Preisklasse angesiedelt; von professionellen Anwendern werden die Preise der Produktqualität und Leistungsfähigkeit wegen akzeptiert. Speziell im Hochschulbereich existieren Sonderkonditionen.

Vertrieben wird die SPSS-Software in Deutschland von
IBM Deutschland GmbH, Hollerithstr. 1, 81829 München,
Telefon 0 89 45 04-20 22; Fax 0 89 45 04-51 00; Internet
http://www.spss.com/de

2 SAS

SAS ist einer der weltweit führenden Anbieter von Business Intelligence-Lösungen, die aus Geschäftsdaten konkretes Wissen („intelligence") für strategische Entscheidungen gewinnen. Die Lösungen von SAS ermöglichen es, Unternehmen profitable Kunden- und Lieferantenbeziehungen aufzubauen sowie die gesamte Organisation zu steuern und damit Kosten zu reduzieren, Risiken zu minimieren und die Wertschöpfung zu vergrößern.

Zu den SAS-Lösungen gehören unter anderem die Analytical Applications für Strategic Performance Management, Supply Chain Intelligence, Supplier Intelligence, Customer Intelligence, HR Management und Risikomanagement. Damit erhalten Fachabteilungen in Unternehmen vorkonfigurierte Lösungspakete für ihre spezifischen Arbeitsbereiche. Die Analytical Applications enthalten standardisierte Frontends, Datenmodelle und Zugriffsroutinen. Hier setzt SAS seine langjährige Erfahrung - gegründet wurde SAS als **S**tatistical **A**nalysis **S**ystem 1976 – im Bereich der *statistischen Datenanalyse* ein. Durch die Architektur des Systems ist die Integration aller Hardwareplattformen und Herstellerstandards, aller Datentypen und Datenbanken sowie der verschiedensten Benutzer und Anwendungsbereiche verwirklicht. SAS-Anwender können die Software nicht nur auf allen Großrechnerbetriebssystemen (MVS) nutzen, sondern auch in Client/

Server-Umgebungen und als Vollversionen auf den Betriebsystemen UNIX, LINUX und WINDOWS.

SAS richtet sich mit seinen Lösungen an Kunden aus allen Branchen: von Finanzdienstleistern bis zu Pharmaunternehmen, von Industrie bis Telekommunikation und von Transport bis Handel (Weitere Informationen zu den SAS-Lösungen: www.sas.de).
Neben diesen Unternehmenskunden ist SAS aber vor allem an den Universitäten gewachsen und noch immer stark vertreten. Das SAS-System ist modular aufgebaut und bietet für den Analytiker an wissenschaftlichen Einrichtungen u.a. die folgenden Module:

Base SAS umfasst als Grundstein des SAS-Systems die wichtigsten mathematischen Funktionen und steuert u.a. das Daten- und Speichermanagement sowie die Kommunikation zwischen den verschiedenen Modulen.

SAS/ACCESS to ...Software Module in Kombination mit der SAS/CONNECT-Software garantiert den *Zugriff auf alle Datenformate, Datenbanken und die wichtigsten ERP-Systeme* über die verschiedenen Hardwareplattformen und Betriebssysteme hinweg.

SAS/GRAPH enthält vielfältige Optionen zur professionellen Gestaltung von Grafiken.

SAS/STAT bietet eine Vielzahl höherer statistischer Verfahren an (enthält umfangreiche Sammlung von Statistikprozeduren u. a. für Varianzanalyse, Regression, Generalisierte lineare Modelle, Multivariate Statistik, Survival Analysis, Cluster Analysis und Nichtparametrische Statistik).

SAS/ETS umfasst umfangreiche Prozeduren zur Zeitreihenanalyse.

SAS/OR enthält Verfahren für Netzplanberechnung, Zuweisungsoptimierung, Lineare und nichtlineare Optimierung und genetische Algorithmen.

SAS/IML führt Matrizenoperationen durch.

Aus den einzelnen SAS-Modulen lässt sich ein nach individuellen Bedürfnissen ausgerichtetes, **ausgesprochen leistungsfähiges Programmsystem** zusammenstellen, das allen Ansprüchen professioneller Anwendungen genügt.

Mit der Enterprise-Software von SAS werden umfassende WINDOWS-Oberfläche-Anwendungen zur Verfügung gestellt, die eine Auswahl von Modulen integrieren:

SAS Enterprise Guide ist die intuitive SAS-Software für den Einsteiger und SAS-Programmierer, der mit einer interaktiven Benutzerschnittstelle die Möglichkeiten der SAS-Software für Datenmanagement, statistische Analyseverfahren und das Erstellen von professionellen Berichten und Grafiken optimal nutzen möchte. Der SAS-Programmcode wird im Hintergrund erzeugt und durchgeführt.

SAS Enterprise Miner ist das preisgekrönte Data Mining-Werkzeug von SAS. Anhand eines empfohlenen Arbeitsprozesses können mit den verschiedensten Data Mining-Verfahren (Neuronale Netze, Entscheidungsbaumverfahren, Memory based Reasoning, Assoziationsanalysen, Regression) komplexe Analysen schnell und einfach durchgeführt werden.

Unter den heute erhältlichen Statistiksystemen umfasst das SAS-System die wohl größte Zahl statistischer Prozeduren. Gleichzeitig erlaubt es durch seine Offenheit die Modifikation und Erweiterung der angebotenen Prozeduren.

Weiterer Vorteil des SAS-Systems ist, dass als Voraussetzung für eine erfolgreiche Datenanalyse sowohl eine effiziente Datenverwaltung und Datenhaltung (ETL mittels SAS/Warehouse Administrator) bei der Vorverarbeitung als auch Anwendungen zur Veröffentlichung der Ergebnisse in Webseiten und Portalen (SAS/Intrnet, AppDevStudio) zur Verfügung stehen. Systeme für die relationale und multidimensionale Datenhaltung sind ebenfalls im Produktportfolio von SAS (skalierbare Daten- und OLAP-Server).

Diese „End-to-End“-Konzeption ist dafür verantwortlich, dass riesige Datenmengen sehr schnell und leistungsstark verarbeitet werden können.

Die Dokumentation ist entsprechend der Leistungsfähigkeit des SAS-Systems umfangreich und tiefgehend.

Im Rahmen einer akademischen Initiative hat SAS für die Hochschulen ein besonderes Konzept entwickelt, das ermäßigte Lizenzkonditionen und eine intensive Betreuung beeinhaltet. Der Softwarevertrieb wird direkt mit der Hochschule und den dortigen Ansprechpartnern geregelt. Studierende können dann auf Lizenzen vor Ort zugreifen.
Für den Einzelnutzer besteht ebenfalls die Möglichkeit, den Enterprise Guide direkt über SAS Publications zu ordern (SAS Learning Edition, www.sas-com/le). Ebenfalls ist die menügesteuerte Statistiksoftware JMP für die Betriebssysteme Apple Macintosh und WINDOWS über SAS Publications (www.sas.com/apps/pubscat/complete.jsp) zu beziehen.

Fragen zum Hochschulprogramm von SAS können gerichtet werden an: SAS Institute GmbH „Academic Club“, Haarlass, In der Neckarhelle 162, 69118 Heidelberg. Telefon 06 22 14 15-31 54; E-Mail academic.club@ger.sas.com; Internet www.sas.com/le.

Alle Informationen und Angaben zum Hochschulprogramm sind über die Branche Academia sowie das Kommunikationsforum für Studenten und Professoren „SAS Academic Club“ abrufbar, welches dem Austausch zwischen SAS und Hochschulangehörigen dient. Unter www.sas.de/academic kann die kostenlose Mitgliedschaft beantragt werden.

3 STATGRAPHICS

Die Version **STATGRAPHICS™ Centurion 16** des Softwareherstellers *StatPoint* (USA) (früher Verkauf unter *Manugistics*) ist die aktuelle Version eines bereits seit Mitte der achtziger Jahre angebotenen interaktiven, menügesteuerten und besonders benutzerfreundlichen Statistikprogramms für Windows-PC. Es besitzt derzeit den größten statistischen Funktionsumfang für Programme dieser Art. Eine wichtige Neuerung ist der Programmpunkt ***Experimental Design Wizard*** in **DOE.**
STATGRAPHICS Plus for WINDOWS wurde komplett neu in C++ programmiert. Dadurch können fast 1 Mio Datensätze bei 1000 Variablen ausgewertet werden. – Es wird durchweg Wert gelegt auf einfache Bedienbarkeit mit einer übersichtlich gestalteten Oberfläche und einfach gehaltenen Dialogboxen.
Das Programm kann in **zwei verschiedenen Menüstrukturen** gestartet werden:

- Standard Menü (sinnvoll für Benutzer der Vorversionen) und
- Six-Sigma-Menü (Anordnung der Prozeduren nach der DMAIC-Systematik)

Das **Programmmenü** enthält im Wesentlichen folgende Punkte:

File
Edit
Plot
Scatterplots
Exploratory Plots
Multivariate Visualization
Time Sequence Plots
Business Charts
Probability Distributions
Splines
Surface and Contour Plots
Custom Charts
Describe
Numeric Data
Categorical Data
Distribution Fitting
Life Data
Multivariate Methods
Time Series
Point Processes
Compare
Two Samples
Multiple Samples
Analysis of Variance
Relate
One factor
Multiple Factors
Attribute Data
Life Data
Classification Methods
Forecast
User Specified Model
Automatic Model Selection

SPC
Quality Assessment
Capability Analysis
Control Charts
Gage Studies
Acceptance Sampling
DOE
Experimental Design Wizard
Import Experiment Legacy DOE
Procedures

SnapStats!
One Sample Analysis
Two Sample Comparison
Paired Sample Comparison
Multiple Sample Comparison
Curve Fitting
Capability Assessment (Individuals)
Capability Assessment (Grouped Data)
Gage R&R
Automatic Forecasting

Tools
Data Viewer
Expression Evaluator
Sample Size Determination
Six Sigma Calculator
Sampling Distributions
Monte Carlo Simulation
Graphics Profile Designer
StatFolio Alerts

Hervorzuheben ist auch die sehr gute Integration der statistischen Funktionen für „Six-Sigma-Programme“. Hierzu gibt es einen speziellen Six-Sigma-Calculator zur Umrechnung der wichtigen Kenngrößen (Z-scores, DPM, Cpk, Sigma-Qualitäts-Level usw.).
Vorbildlich ist die voll in die einzelnen statistischen Prozeduren integrierte **vielfältige Grafik,** die eine sofortige interaktive Visualisierung von präsentationsfähigen Schaubildern gestattet. Erstellte Grafiken lassen sich mit Hilfe der Maus bequem editieren und modifizieren. Über

das Fenster *StatGallery* können mehrere Schaubilder für Präsentationen nebeneinander gestellt oder überlagert werden. Der Ergebnisexport ist ebenfalls sehr einfach in den *StatReporter* möglich. Dieser kann wiederum in das mit Word oder anderen Textverarbeitungsprogrammen lesbare Format rtf konvertiert werden.
Als besonders gute Möglichkeit der Ergebnisinterpretation ist der Ergebnisexport mittels der Funktion *StatPublish* realisiert. Mit dieser können die Ergebnisse in Dateiverzeichnisse (htm, jpg, gif) exportiert werden, die direkt mit einem Browser (z. B. Internet Explorer) auch ohne eine Installation von STATGRAPHICS angezeigt werden können. STATGRAPHICS steht für die 32- und 34-Bit-Version von Windows zur Verfügung.

Die **Dateneingabe** erfolgt über ein komfortables Spreadsheet mit mehreren Tabellen, die gleichzeitig genutzt werden können. Für den Datenimport stehen alle wichtigen Dateiformate zur Verfügung. Außerdem besteht die Möglichkeit des ODBC-Datenimports und das Einlesen von XML-Dateien sowie von Dateien aus der Zwischenablage.
Die **Dokumentation** ist klar strukturiert und gut verständlich; zahlreiche Beispiele tragen zur Anschaulichkeit bei. – Neben der integrierten Hilfefunktion kommentiert der *StatAdvisor* auf Wunsch automatisch Analyseergebnisse. Seit mehreren Jahren gibt es ein deutsches Praxishandbuch als Loseblattsammlung und eine CD, die ständig aktualisert werden sowie eine integrierte deutsche Hilfe.
Die Software ist in Englisch, Deutsch, Spanisch, Französisch und Italienisch verfügbar.
Der **Preis** für die STATGRAPHICS-Produkte liegt auf mittlerer Ebene; das **Preis-Leistungsverhältnis** ist gut. Es gibt sehr preiswerte, befristete Studentenversionen und Hochschulrabatte.
Vertrieben werden die STATGRAPHICS-Produkte u. a. von der Firma UMEX GmbH Dresden, Moritzburger Weg 67, 01109 Dresden.
Telefon 03 51 88 38 31 01; Fax 03 51 88 38 31 00;
E-Mail info@umex.de;
Internet www. statgraphics.com oder www.umex.de

4 STATISTICA

STATISTICA von *StatSoft* ist eine universelle statistische und grafische Analysesoftware in deutscher Sprache. Sie liegt als 64-Bit-Version vor und wird in Forschung und Entwicklung sowie in Industrie und im Dienstleistungssektor eingesetzt. STATISTICA zeichnet sich durch eine modulare Produktstruktur aus. Alle STATISTICA-Module lassen sich flexibel zu einer integrierten Komplettlösung kombinieren.

Alle Produkte von StatSoft bieten:
- Eine moderne und intuitiv zu bedienende Benutzeroberfläche
- Exzellente präsentationsreife Grafiken
- Schnelle und flexible Zugriffe auf externe Datenquellen
- Extrem schnelle Verarbeitung auch sehr großer Datenbestände
- Ein umfassendes Methodenspektrum
- Perfekte Office-Integration vom Datenzugriff bis zur Ergebnispräsentation
- Vollständige Automatisierbarkeit durch *STATISTICA* Visual Basic
- Ein günstiges Preis-Leistungsverhältnis

STATISTICA umfasst eine umfangreiche Palette statistischer Prozeduren, die in **folgende Module** gegliedert angeboten werden:

STATISTICA Standard beinhaltet Elementare Statistiken, Multiple lineare Regression, ANOVA, Nichtparametrische Verfahren, Verteilungsanpassungen, einen Wahrscheinlichkeitsrechner sowie alle Grafiken.

STATISTICA Professionell umfasst das gesamte Spektrum allgemeiner höherer statistischer Methoden, wie z. B. Allgemeine lineare Modelle, Verallgemeinerte lineare/nichtlineare Modelle, Allgemeine Regressionsmodelle, Modelle partieller kleinster Quadrate, PCA/PLS mit NIPALS, Varianzkomponenten, Survival-Analyse, Nichtlineare Schätzungen, Quasilineare Regression, Loglinearer Analysen von Häufigkeitstabellen, Zeitreihenanalyse/Prognosen, Simulationen, Strukturgleichungsmodelle, Clusteranalyse, Faktorenanalyse, Hauptkomponenten- und Klassifikationsanalyse, Kanonische Analyse, Reliabilitäts- und Item-Analyse, Klassifikationsbäume, Korrespondenzanalyse, Multidimensionale Skalierung, Allgemeine diskriminanzanalytische Modelle und mehr.

STATISTICA Industrie setzt sich aus einer Gruppe von Methoden zusammen, die überwiegend in der Industrie und in Six-Sigma-Projekten zum Einsatz kommen. Eine spezielle Six-Sigma-Menüleiste bietet schnellen Zugang zu allen Methoden, die in den einzelnen Stufen des DMAIC-Prozesses eingesetzt werden.

Folgende Verfahren sind enthalten:

STATISTICA Versuchsplanung mit einer großen Auswahl von Verfahren zur Erstellung und Auswertung von Versuchsplänen

STATISTICA Prozessanalyse mit Prozessfähigkeitsanalyse, Wiederhol- und Vergleichpräzision, Messsystemanalysen, Messmittelfähigkeit, Weibull-Analyse und mehr
STATISTICA Regelkarten bietet vielseitige präsentationsreife Qualitätsregelkarten mit Automatisierungsoptionen

STATISTICA Power Analysis für Teststärkeberechnungen, Stichprobenumfangschätzungen und Vertrauensintervallschätzungen ist Bestandteil sowohl von *STATISTICA Professionell* als auch *STATISTICA Industrie.*

Darüber hinaus bietet STATISTICA **weitere Module** für spezialisierte statistische Berechnungen:

STATISTICA Data Miner erkennt die entscheidenden Muster, Trends und Zusammenhänge in Daten. Er bietet eine umfassende Auswahl spezialisierter Analyseverfahren wie Entscheidungsbäume, Boosted Trees, Random Forrest, Neuronale Netze, Verfahren maschinellen Lernens, Additive Modelle, Assoziationsregeln und vieles mehr. Anwender können zwischen verschiedenen Anwendermodi wählen (Expertenmodus, Assistentenführung, Projektoberfläche). Optimierte Algorithmen erlauben die performante Verarbeitung auch sehr großer Datenbestände.

STATISTICA Scorecard ist eine Software-Lösung für das Entwickeln, Bewerten und Überprüfen von Scorekarten-Modellen. Sie unterstützt den Prozess der Scorecard-Bildung von der Auswahl und Kategorisierung geeigneter Dimensionen bis zur Überprüfung der entwickelten Modelle und eignet sich besonders für den Einsatz in der Finanzbranche.

Automated Neural Networks beinhaltet eine umfassende Auswahl an Statistiken, Grafiken, Netzarchitekturen und Trainings-Algorithmen; optional kann automatisch nach geeigneten Netzen gesucht werden.

MSPC (Multivariate Statistische Prozesslenkung) bietet für die Qualitätssicherung in der Produktion umfassende Möglichkeiten der Analyse, Überwachung und Prognose auch komplexer Herstellungsprozesse.

VEPAC (Varianzschätzung mit Maximum Likelihood) bietet umfangreiche Analysetechniken für Versuche, in denen feste und zufällige Effekte zugleich ausgewertet werden sollen.

Das **Datenmanagement** erfolgt in STATISTICA über ein komfortables Spreadsheet, das praktisch beliebig groß sein kann. Für den Datenaustausch mit anderen Programmen stehen viele wichtige Schnittstellen zur Verfügung. Über ein grafisch orientiertes Query-Tool lassen sich Daten bequem aus SQL-Datenbanken extrahieren. Es werden alle gängigen Datenformate wie Excel oder CSV unterstützt; auch Dateien anderer Statistikpakete und HTM-Dateien können eingelesen werden. Für extrem große Datenbestände wird optional ein Zusatztool angeboten, das Daten direkt auf einem Datenbankserver verarbeitet und keine Kopie der Daten auf dem lokalen Rechner erstellt.

Alle *StatSoft*-Produkte zeichnen sich durch eine hohe **Office-Integration** aus: So kann direkt auf Excel-Dateien gearbeitet werden. Das heißt der Anwender muss die Excel-Datei nicht in STATISTICA importieren, sondern öffnet sie direkt von STATISTICA aus, so dass er praktisch eine kombinierte Anwendung vorfindet: Das Menü zeigt alle Tabellen-bezogenen Funktionen von Excel plus alle Statistik-bezogenen Funktionen von STATISTICA. Darüber hinaus lassen sich direkt Ergebnisberichte aus STATISTICA im Word-Format generieren.

Neben der Desktop-Linie von STATISTICA bietet StatSoft noch eine **Enterprise-Produktlinie** von STATISTICA. Sie wurde für unternehmensweite Datenanalysen und Business-Intelligence-Anwendungen in Forschung, Marketing, Finanzwesen und Industrie entwickelt. Sie unterstützt Groupware-, Automatisierungs- und Überwachungs-Funktionalitäten, bietet optimierte Schnittstellen zu unternehmensweiten Datenbeständen und Optionen zur schnellen Verarbeitung sehr großer Datenmengen auf externen Servern.

Das Programm STATISTICA ist mit einem umfangreichen **elektronischen Handbuch** ausgestattet, das über die Hilfefunktion stets erreichbar ist und auch viele nachvollziehbare Beispiele zu allen Prozeduren enthält.

Der **Preis** von STATISTICA hängt von der jeweiligen Lizenzierung ab. Es gibt Kauf- und Mietlizenzen. Für Hochschulen gibt es sehr günstige Angebote.

Über die Website von *StatSoft* kann eine im Leistungsumfang nicht eingeschränkte Testversion von STATISTICA mit einer Laufzeit von 30 Tagen kostenlos heruntergeladen werden.

Vertrieben wird STATISTICA von StatSoft (Europe) GmbH, Hoheluftchaussee 112, 20253 Hamburg. Tel. 040 468 86 60; Fax 040 46 88 66 77; E-mail info@statsoft.de; Internet www.statsoft.de